Julius Kavasch † · Meteoritenkrater Ries

Julius Kavasch †

Meteoritenkrater Ries

Ein geologischer Führer

Bearbeitet von Dr. Wulf-Dietrich Kavasch

Verlag Ludwig Auer Donauwörth

8. Auflage. 1987

Umschlaggestaltung: Harald Hülsmann, Bissingen
Gesamtherstellung: Ludwig Auer GmbH, Donauwörth
ISBN 3-403-00**663**-8

Inhalt

Julius Kavasch (11. 7. 1920 – 16. 4. 1978)
Pionier der geologischen Erforschung des Rieses

Vorwort

Dieser kleine Führer zu den geologischen Aufschlüssen im Ries soll dem interessierten Laien die Möglichkeit eröffnen, die Kunde von der Vergangenheit der Rieslandschaft selbst zu lesen und so Einblicke zu gewinnen in ein großartiges Geschehen, in den Ablauf einer Katastrophe, wie sie unseren Planeten nur selten getroffen hat. Besonderer Wert wurde auf eine für den Laien verständliche Darstellung gelegt, wobei größtmögliche wissenschaftliche Treue erhalten bleiben sollte.
Der Text selbst schildert die Entstehungsgeschichte des Rieses als „Impaktkrater", als Einschlagkrater eines großen, außerirdischen Körpers. Die Abbildungen sind mit ausführlichen Erläuterungen versehen, die vor allem die Gewinnung von Erkenntnissen im Steinbruch ermöglichen sollen. Ein beschilderter geologischer Autopfad wird das Auffinden der Fundstätten erleichtern. Das Literaturverzeichnis weist über die benützte Literatur hinaus Titel auf, die zu vertieften Erkenntnissen führen können.
Herrn Professor Dr. Ekkehard *Preuß*, München, danke ich für die freundliche Durchsicht des Manuskriptes und für die langjährige Unterstützung. Mein Dank gilt ebenso dem Institut für Paläontologie und historische Geologie der Universität München, dem Institut für Angewandte Geophysik der Universität München, dem Bayerischen Geologischen Landesamt München und dem Universitätsinstitut für Mineralogie und Petrographie Tübingen.

Mönchsdeggingen, den 30. Januar 1976

Julius Kavasch

Vorwort zur Neuauflage

Nur zwei Jahre nach dem erstmaligen Erscheinen dieses geologischen Führers starb mein Vater. In zahlreichen Vorträgen, Führungen und Gesprächen war es ihm gelungen, die Entstehungsgeschichte des Rieses unzähligen Menschen zu vermitteln. Dank einer wahrhaft universellen Begabung verfügte er auch über weitreichende Kenntnisse auf den Gebieten der Zoologie, der Botanik und der Geschichte, welche seine Führungen stets zu einem besonderen Erlebnis machten. Die Liebe zu seiner Wahlheimat „Ries" dokumentierte sich auch in zahlreichen weiteren Veröffentlichungen.

Zu dem Versuch, das wissenschaftliche Erbe meines Vaters anzutreten, gehörte auch die Verpflichtung, sein Lebenswerk, zu dem dieser kleine Führer zählt, fortzuführen. Neue Forschungsergebnisse mußten aufgenommen werden; das Bildmaterial bedurfte der Ergänzung und Aktualisierung. Besonderer Dank gilt Herrn Dr. E. David und Herrn Dr. R. Höfling für die stets gerne gewährte Hilfe, sowie dem Verlag Ludwig Auer für die erwiesene Geduld.

Hohenaltheim, den 1. Mai 1985

Wulf-Dietrich Kavasch

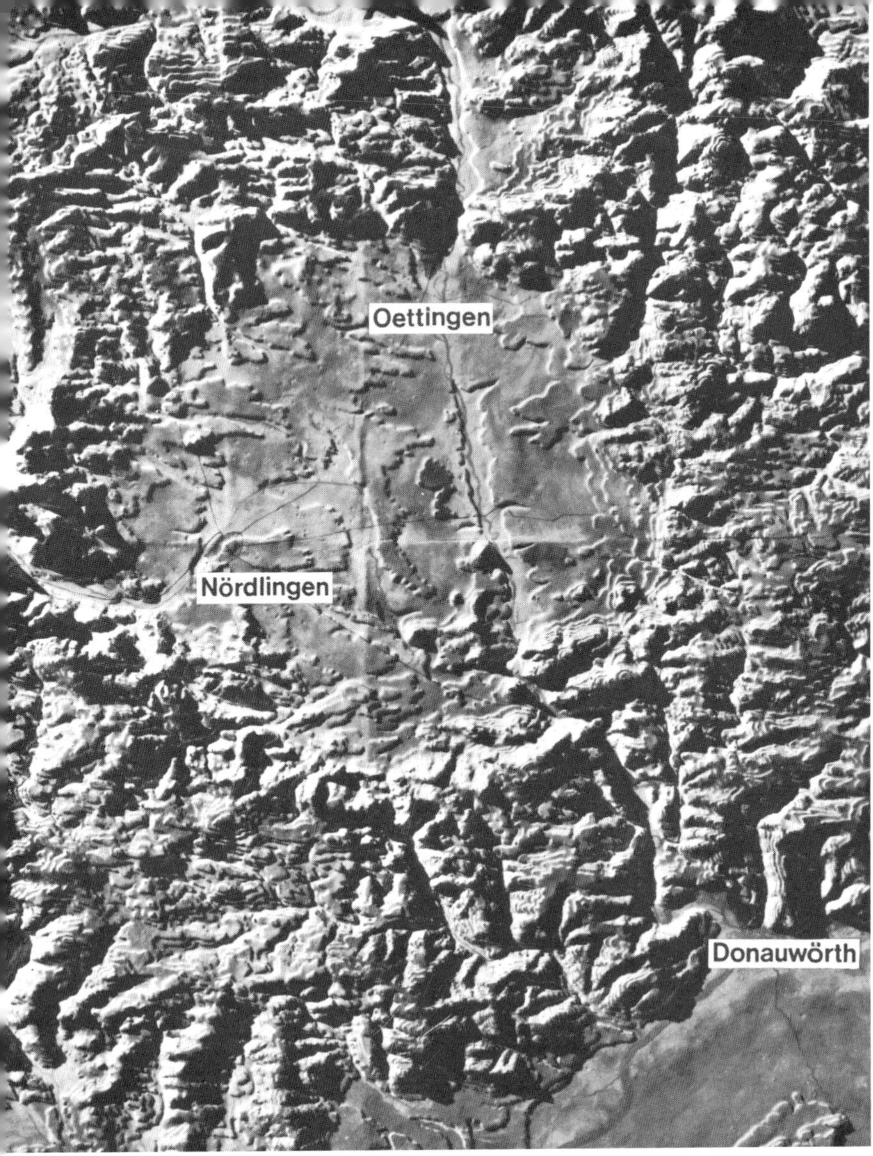

Relief des Rieses und seiner Randgebiete

Maßstab des Originals 1:25000, Überhöhung 3,7fach. Das Relief wurde im Werkunterricht der Volksschule Mönchsdeggingen unter der Leitung von Rektor J. Kavasch angefertigt.
Infolge der Überhöhung tritt der Riesrand deutlich hervor. Die Ähnlichkeit mit Mondkratern ist unverkennbar.

Einleitung

Es ist etwas Eigenartiges um das Rieser Land! Das wird dem Fremden bald bewußt, versucht er in Gestalt und Wesen dieser stillen, bäuerlichen Landschaft einzudringen.
Diese flache Schüssel, eingetieft hundert und mehr Meter in das umgebende Juragebirge, entstand bei einer der größten Katastrophen unseres Planeten. Nahezu 200 Jahre versuchten deutsche und ausländische Forscher, das „Riesrätsel" zu lösen. Theorien entstanden und mußten wieder verworfen werden. Ständig brachte der wissenschaftliche Fortschritt neue Erkenntnisse, die ältere ergänzten oder widerlegten. Noch immmer ist die Forschung am Werk, um letzte Klarheit in die Entstehungsgeschichte dieser weltbekannten Landschaft zu bringen. Was ist denn nun so Besonderes um das Ries?

Die Gestalt des Rieskessels

Der Rieskessel, fast kreisrund, mit einem mittleren Durchmesser von etwa 24 Kilometern, fällt als Fremdkörper in der einheitlich gebauten Landschaft des Schwäbisch-Fränkischen Jura schon durch seine Form auf. Wandert man über die Albhochfläche, so tut sich plötzlich die flache Wanne des Rieses auf, liegt vor dem Wanderer in ihrer großartigen Fruchtbarkeit und läßt den aufmerksamen Naturbeobachter ahnen, daß es mit der Entstehungsgeschichte dieses Kessels seine Besonderheit haben mag. Von jeder Stelle des Riesrandes her kann das ganze Ries eingesehen werden, ebenso von den Erhebungen der Riesebene, etwa dem Wallersteiner Felsen, dem Steinberg, dem Wennenberg oder vom Turm der St. Georgskirche in Nördlingen, den der Rieser liebevoll „Daniel" nennt. Steil steigt rund um das Becken der Kraterrand an und bildet oft Landschaftsbilder von großem Reiz.

Luftbild des Ries-Meteoritenkraters aus südöstlicher Blickrichtung. Durch dunkle Bewaldung sind die Erhebungen des Riesrandes (Kraterwall) deutlich markiert. Die über dem Vorries stehenden Wölkchen projizieren sich auf den Kraterrand. Etwas östlich der Mitte liegt, umrundet von konzentrisch angeordneten Feldern, die Stadt Nördlingen.
Luftbild Albrecht Brugger, Stuttgart; freigegeben vom Innenministerium Baden-Württemberg Nr. 2/14605 und 14607. Alle Rechte bei der Stadt Nördlingen.

Der Riesrand bei Mönchsdeggingen

Blick vom Buchberg über den südwestlichen Riesrand; in nordwestlicher Richtung Hohenaltheim, im Hintergrund das Tal zwischen Hürnheim und Ederheim.
Locker bewaldet und von Juraheideflächen überzogen setzt sich der Riesrand deutlich von den fruchtbaren Ackerflächen der Riesebene ab. Mehrere kleine Aufschlüsse bei Mönchsdeggingen zeigen die auffälligen Zerstörungen des Malmgesteins am Riesrand (fossilreich).

Die geologischen Besonderheiten des Rieses

Spuren stärkster Zerstörung

Entlang des Riesrandes werden zahlreiche Steinbrüche betrieben, in denen Weißjurakalk abgebaut wird (Stbr. Siegling und Stbr. Arlt bei Holheim, Stbr. Ziswingen, Stbr. Bschor bei Ronheim, Stbr. Schneider bei Wemding). Diese Malmkalke sind so intensiv zerstört, daß es kaum mehr gelingt einen kopfgroßen Stein zu finden, der nicht zerbrochen und zerklüftet ist. Deshalb kann das dort gewonnene Material nur noch als Schotter zum Straßenbau Verwendung finden (Abb. S. 15).
In der den Riesrand bildenden sogenannten Megablockzone liegen gewaltige, oft kilometergroße Schichtpakete völlig regellos über- und nebeneinander. Die wohlgeordnete Lagerung in fast waagerechten Schichten, die den Jurakalk sonst auszeichnet, ist nur selten mehr erhalten. Meist liegen die Schichten schräg, stehen senkrecht oder sind „überkippt", lagern also gleichsam „auf dem Kopf", mit der Schichtunterfläche nach oben. Wenige Kilometer vom Kraterrand entfernt in östlicher Richtung kann dagegen der wertvolle Werkkalk (Treuchtlinger „Marmor") in ungestörter Lagerung gewonnen werden (Abb. S. 64).

Unsinnige Lagerung der Gesteine

Steigt man den Riesrand hinauf und wandert ins Vorfeld des Rieses, von der Wissenschaft auch „Vorries" genannt, so verwirrt sich das Bild. In vielen Steinbrüchen, vor allem auch am Riesrand selbst, an Wegeinschnitten, in Baugruben und anderen Geländeaufschlüssen steht der Geologe vor einer völlig unsinnig erscheinenden Lagerung der Gesteine. Findet man im unteren Teil eines solchen Steinbruchs normal gelagerten Weißjurakalk, freilich, wie schon beschrieben, zerstört, so liegen auf diesem erdgeschichtlich verhältnismäßig jungen Schichten des Juras (meist Malm Delta bis Malm Epsilon) Gesteine weit älterer Entstehung: Braunjuraschollen, Keupertone und Sandsteine aus der Trias, ja sogar Granite und Gneise des Grundgebirges, abermillionen Jahre älter als das Gestein, auf dem diese Fremdmassen liegen. Das ältere Gestein liegt also auf dem jüngeren. Eine ungeheure Kraft, offenbar eine Katastrophe gewaltigen Ausmaßes, muß hier eine Umkehrung der Lagerungsverhältnisse bewirkt, die fremden Gesteine aus der Tiefe gehoben und auf die tertiäre Landoberfläche verfrachtet haben (z. B. Abb. S. 67).

Weißjurabrekzien

In der Kraterrandzone werden als Bestandteil der Bunten Trümmermassen meter- bis fast kilometergroße Schollen aus Gesteinen des Weißen Juras beobachtet. Das Gestein wurde durch die ungeheure Kraftentfaltung bei der Riesentstehung verschieden stark beansprucht. Wir unterscheiden Malmgestein, das zwar intensiv zerklüftet und zerbrochen ist, aber sich noch im ursprünglichen Schichtverband befindet (oberes Bild), von völlig zermahlenen Kalken mit gänzlicher Auflösung des ursprünglichen Gefüges (unteres Bild). Das Gestein hat mörtelartiges Aussehen (Mörteltextur). Beide Aufnahmen Steinbruch Ziswingen.

Belemniten aus dem Opalinuston - Bunte Trümmermassen (Steinbruch Bschor-Ronheim)
Mit der Deformation der Gesteinsschichten wurden die darin eingelagerten Fossilien bei der Rieskatastrophe natürlich ebenfalls zertrümmert. Hier wurden die versteinerten Stützskelette von Belemnitentieren scheibchenweise zerbrochen und treppenartig gegeneinander verschoben. Später verkitteten die einzelnen Bruchstücke wieder miteinander. Solche verdrückten Formen heißen *„Riesbelemniten"*.

Ammonit aus dem Malm Gamma - Bunte Trümmermassen (Steinbruch Bschor-Ronheim)
Zerbrochener und später wieder verkitteter Ammonit.

Die Schliff-Flächen

Dort, wo die älteren Auswurfmassen auf dem jüngeren Untergrund aufliegen, ist die Auflagefläche geglättet, geschliffen, geschrammt oder geritzt. Verfolgt man die Richtung der Schrammen, so weisen sie alle von der Mitte des Rieses nach außen. Daher liegt der Gedanke nahe, daß diese ortsfremden Gesteinmassen aus dem Rieskessel stammen. Oft sind bei ihrem Transport ganze Schichtpakete zusammengeblieben und zeugen noch heute eindrucksvoll von der ungeheueren Kraftentfaltung, die den Transport bewirkte.

Blick auf die Schliff-Fläche im Steinbruch Holheim (Siegling-SO)
Deutlich erkennbar sind die dem Massenkalk in einer Mächtigkeit bis zu 10 Metern auflagernden Bunten Trümmermassen. Im Vordergrund ein glattgeschliffener Felshöcker. Der Pfeil gibt die Bewegungsrichtung der Bunten Trümmermassen riesauswärts an. Die Schliff-Fläche ist gekennzeichnet durch eine mehrere Zentimeter dicke, verfestigte, intensiv vergrieste Schicht (Gleitharnisch). Lias Delta und Zeta sowie Dogger Alpha, die die Bunten Trümmermassen bilden, sind über 30 Millionen Jahre älter als der überlagerte Weißjura-Massenkalk.

Die Bunten Trümmermassen

Diese auflagernden Fremdmassen bildeten eine mächtige Schuttdecke, die sich bis zu einer Entfernung von 40 Kilometern und einer Mächtigkeit von 100 Metern rund um das Ries erstreckte. Durch die fortschreitende Abtragung (Erosion), insbesondere im nördlichen Vorries, ist diese gewaltige Schuttdecke vielfach durchlöchert und zerrissen worden. So kann man im Süden, Südwesten und Osten im Bereich der Albhochfläche diese Trümmermassen noch überall nachweisen, während im Norden und Nordwesten des Rieses nur gelegentlich kleine Reste aufzufinden sind. Dies rührt daher, daß im Bereich des Albtraufes (nördliches, dem Ries vorgelagertes Schichtstufenland) die Abtragung erheblich schneller erfolgte.

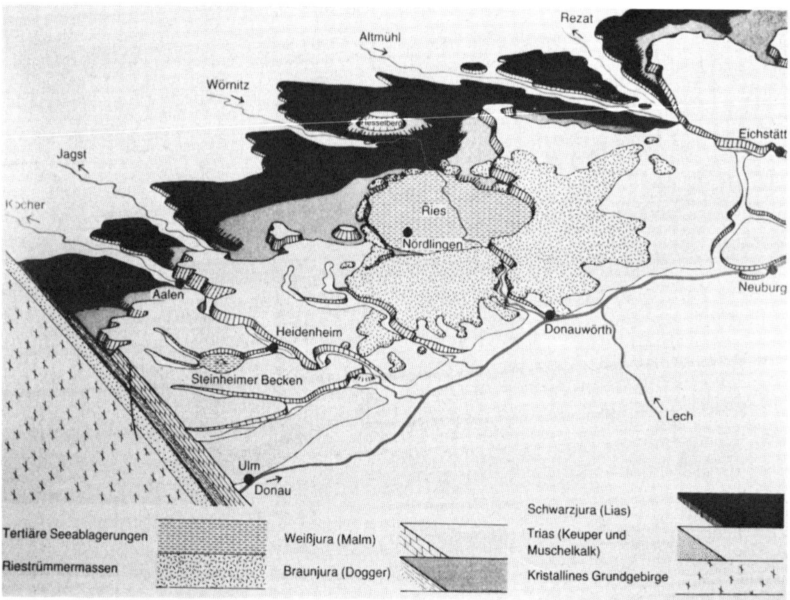

Blockbild des Riesgebietes
Das Nördlinger Ries liegt im Grenzbereich von Schwäbischer und Fränkischer Alb. Es ist sowohl in das Albvorland im Norden und Westen (Keuper, Schwarzjura, Braunjura) als auch in die Albhochfläche im Süden und Osten (Weißjurakalke) eingesenkt. Deutlich sind im Südwesten, Süden und Südosten die gewaltigen Schuttfächer der ausgeworfenen Riestrümmermassen zu erkennen. Der Rieskessel selbst ist angefüllt mit mächtigen Seeablagerungen, viel jüngeren, tertiären Alters (G. WAGNER).

Dieses bei der Riesentstehung neu gebildete Gestein mit Komponenten aus den verschiedensten Erdzeitaltern bezeichnet man als „Bunte Trümmermassen", bestehend aus Gesteinsschollen von Kilometergröße bis zu kleinsten Bruchstücken. Kleinstückige Anteile der Bunten Trümmermassen, die so intensiv vermengt sind, daß sie bei der geologischen Kartenaufnahme nicht mehr einzeln ausgeschieden werden können, werden als „Bunte Brekzie (= Bunte Breccie, Bunte Bresche)" zusammengefaßt. In feinkörniger Grundmasse (Matrix) eingelagert, enthält die Bunte Brekzie die Gesteine des kristallinen Grundgebirges, der Trias, des Juras, aber auch der Kreide und des Tertiärs in bunter Durchmengung. Besonders die Ablagerungen des Keupers mit dem roten Feuerletten, grünen Tonen, dem weißen und gelben

Bunte Brekzie – Steinbruch Ronheim (Bschor)
Über der Schliff-Fläche liegt Bunte Brekzie in ihrer schönsten Ausbildung. Man findet hier in feinkörniger Grundmasse eingelagert die Gesteine der Trias, des Juras, des kristallinen Grundgebirges, aber auch des Tertiärs und der Kreide in bunter Durchmischung. Besonders die Ablagerungen des Keupers mit dem roten Feuerletten, grünen Tonen, dem weißen und gelben Burgsandstein, sowie dunkle Tone des Lias, tertiäre, aber noch präriesische Braunkohle, Anteile des Braunen Juras, weiße Malmbrocken, kristalline Einsprengsel, ja sogar präriesische Gerölle sorgen für ein wahrhaft buntes Gemenge.

Burgsandstein, sowie dunkle Tone des Lias, Anteile des Braunen Juras, weiße Malmbrocken, Braunkohle, kristalline Einsprengsel, ja sogar Gerölle von Flüssen, die einst die Riesgegend durchströmten, begründeten den Namen dieses merkwürdigen und auf der Erde einmaligen Gesteins.
Der Altmeister der Geologie Bayerns, C. W. v. GÜMBEL verwendete als erster, noch im 19. Jahrhundert, diesen Ausdruck. 1870 beschreibt er die Bunte Brekzie: ... *gleich als ob das Gebirge in Stücke zerrissen und durcheinandergerüttelt worden wäre. So unberechenbar gemischt ist diese eigenartige Pele-mele, daß die geologische Karte keineswegs imstande ist, es voll und ganz zur Darstellung zu bringen.*
Bunte Trümmermassen werden im Riesvorland vielfach bei Aushub- und Schachtungsarbeiten angeschnitten. In manchen Steinbrüchen überlagern sie als „lästiger" Abraum bis zu 30 Meter mächtig den anstehenden Weißjura, wie in Ronheim, Burgmagerbein und Holheim (Abb. S.67 und S.72). In Kraterrandzone und Vorries werden als Bestandteile der Bunten Trümmermassen meter- bis kilometergroße Schollen (allochthone Schollen) aus Gesteinen des Weißen Juras beobachtet. Diese zerrütteten und mitunter völlig zerriebenen Kalke gewinnt man bis heute als Wegebaumaterial (Schotter, Splitt). Im Ries bezeichnet man solche Abbaustellen folgerichtig nicht als Steinbruch, sondern als „Kiesgrube".
Bunte Trümmermassen reichen im Süden bis zur Donau, bis in die Gegend von Neresheim im Südwesten und bis nach Solnhofen im Südosten. Mit zunehmender Entfernung vom Ries überwiegt jüngeres Gestein und nimmt die Größe der Einzelkomponenten ab.

Die Reuterschen Blöcke

Weit über das beschriebene Gebiet hinaus liegen auf der Schwäbisch-Bayerischen Hochebene bis Augsburg, Krumbach und Ulm in voreiszeitlichen, mit dem Riesgeschehen gleichaltrigen Schichten einzelne kantige Weißjurabrocken von Tisch- bis Kopfgröße und kleiner. Das Gestein deutet nach Material und Fundumständen auf die Herkunft vom Ries hin. Es kann aber, da Wasserverfrachtung ausgeschlossen werden muß, nur durch die Luft transportiert worden sein. Der Nachweis, daß diese nach ihrem Entdecker benannten „Reuterschen Blöcke" wirklich aus dem Ries stammen, gelang SCHEUENPFLUG 1975.

Ein „Reuterscher Stein" in der Höchstädter Kiesgrube

Zeichnung aus Zenetti: Der geologische Aufbau und Werdegang von Bayerisch Schwaben (1929).

Grundgebirgstrümmergesteine (Kristallinbrekzien)

In einer nach Norden offenen Hufeisenform begleitet eine Reihe von Hügeln den Riesrand im Osten, Süden und Westen. Dies sind der Wennenberg, der Alerheimer Schloßberg, Steinberg und Hahnenberg bei Appetshofen, der Schloßberg von Lierheim, der Albuch bei Schmähingen, Adlersberg, Stoffelsberg, Galgenberg und Marienhöhe am Rande von Nördlingen und der Wallersteiner Felsen.

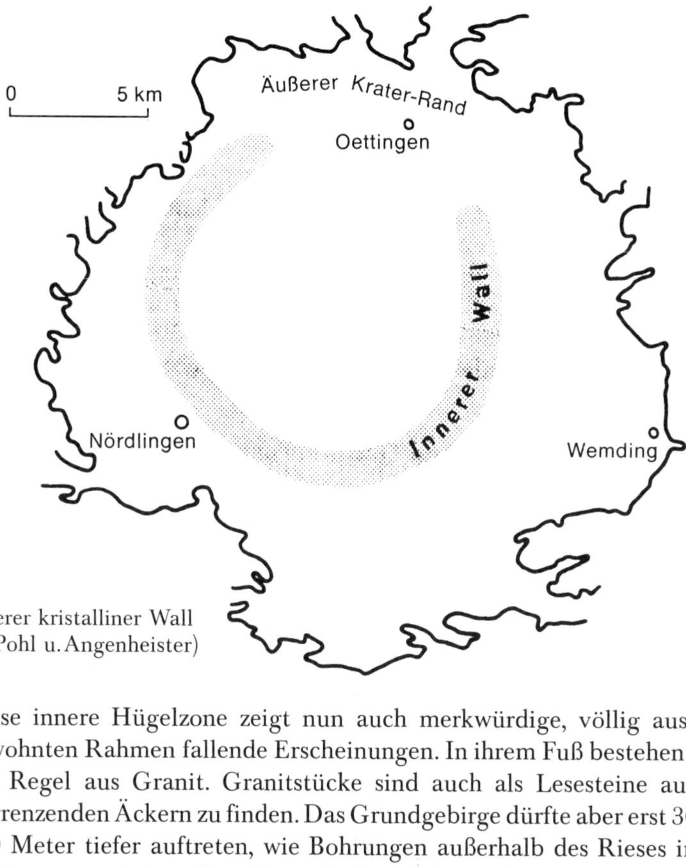

Innerer kristalliner Wall
(n. Pohl u. Angenheister)

Diese innere Hügelzone zeigt nun auch merkwürdige, völlig aus dem gewohnten Rahmen fallende Erscheinungen. In ihrem Fuß bestehen sie in der Regel aus Granit. Granitstücke sind auch als Lesesteine auf den angrenzenden Äckern zu finden. Das Grundgebirge dürfte aber erst 300 bis 400 Meter tiefer auftreten, wie Bohrungen außerhalb des Rieses immer wieder gezeigt haben. Das „Kristallin" muß also auch durch eine mächtige Kraftentfaltung diese Strecke emporgehoben worden sein. Betrachtet man den Granit näher, so muß man feststellen, daß er in seinem Gefüge völlig zerstört ist, und zwar soweit, daß er meist zu Sand zerfällt, weiter, daß es sich nicht um einheitlichen Granit handelt, sondern daß alle möglichen Ausbildungen des Kristallins wie Granit, Diorit, Amphibolit, Gneis u. a. miteinander vermengt sind. Solche „Sandgrubenwände" zeigen ein buntes Farbenspiel. Andernorts ist das Grundgebirge kleinstückig zerschlagen, aber doch hart und fest geblieben. Die Riesgranite gehören zu einem uralten Gebirge, das sich während des Erdaltertums durch Süddeutschland zog (Vindelizisches Gebirge). Es ist im Schwarzwald, im Bayerischen Wald und Böhmerwald noch sichtbar, während es im übrigen Süddeutschland abgesunken und von Festlands- und Meeresablagerungen überdeckt worden ist.

Kristallinbrekzie (Steinbruch bei Wengenhausen)

Der Suevit oder Schwabenstein

Das interessanteste, weil auf der Erde einmalige Gestein des Rieses ist der Suevit, der seinen Namen den Sueven, einem Teilstamm der Alamannen, verdankt. An mehr als 130 Fundorten innerhalb und außerhalb des Rieses findet sich dieses eigenartige Gestein, das, wie die Tiefbohrung Nördlingen 1973 ergeben hat, auch bei einer Tiefe von 325 – 600 Metern nachgewiesen werden konnte. Von den Bauhandwerkern auch Traß genannt, wurde dieses mäßig verfestigte, sehr gasreiche und von Hohlräumen durchsetzte Gestein in früheren Jahrhunderten, ja sogar bereits von den Römern, als leicht zu bearbeitendes, warmes Baumaterial geschätzt. Zahlreiche Kirchen und Burgen wurden aus diesem Material errichtet. Hervorragend studieren kann man dieses Gestein an der Georgskirche in Nördlingen und an der Ruine Niederhaus bei Hürnheim. Gewonnen wurde das in Nördlingen verwendete Material im historischen Steinbruch der Stadt „Altenbürg" in den Wäldern südwestlich von Nördlingen. Dieser Ort ist heute ein beliebtes Ausflugsziel (Abb. S. 60).
Der Suevit stellt ein graues bis graublaues, tuffartiges Gestein dar. In einer feinkörnigen Grundmasse (Matrix) finden sich Grundgebirgsfetzen (z.B. Granite und Gneise), gelegentlich auch Keupertone und Keupersandsteine, sowie Jurakalkbrocken eingelagert. Allerdings überwiegen die Anteile des Kristallins bei weitem. In manchen Suevitaufschlüssen fehlen Absatzgesteine fast ganz. Kalke und Tone zeigen Erscheinungen, die auf eine starke Erhitzung hinweisen. Sie sind „gefrittet", wie der Fachmann sagt. Die Grundgebirgsstücke sind meist von einer schwärzlichen Schmelzkruste umhüllt. Zwar weist der Kern innerhalb der Schmelzkruste oftmals noch Granitstruktur auf, doch ist auch hier das Kristallin durch Hitze verändert, angeschmolzen und weich (aufgeblähter Granit). Schließlich besteht der Suevit mit einem Anteil von bis zu 70% aus natürlichem Glas, das, entstanden aus restlos geschmolzenem Kristallin, in Form von blasenreichen Bändern, Knollen, Schlieren und feinsten Glaströpfchen vorliegt. Die Verfestigung des Suevits ist der Verschweißung feinster Glaspartikel miteinander zuzuschreiben. Eingebettet in dieses Gestein finden sich sehr häufig pfannen-, zopf-, fladen- oder tropfenförmige Glasbomben, die im Ries als „Flädle" bezeichnet werden. Die zähflüssig ausgeworfenen Glasbomben wurden während ihres Fluges aerodynamisch verformt, waren aber bei ihrer Ablagerung schon weitgehend erstarrt. Erfolgte die Abkühlung der Glasbomben sehr schnell, bildete sich ein schwarzes bis braunes, amorphes Glas (abgeschreckte Gläser). Eingeschlossen in größere Suevit-

massen erkalteten die Bomben langsamer, und die Mineralbestandteile hatten Zeit, wieder auszukristallisieren. Diese Gläser erscheinen grau und undurchsichtig (rekristallisierte Gläser). Die harten Flädle werden von der Verwitterung aus ihrem Gesteinsverband gelöst und gelangen bei oberflächennahen Suevitvorkommen (z. B. Heerhof) mit dem Pflügen an die Erdoberfläche. Hier lassen sich diese Glasbomben besonders im Frühjahr auflesen (Abb. S. 28).

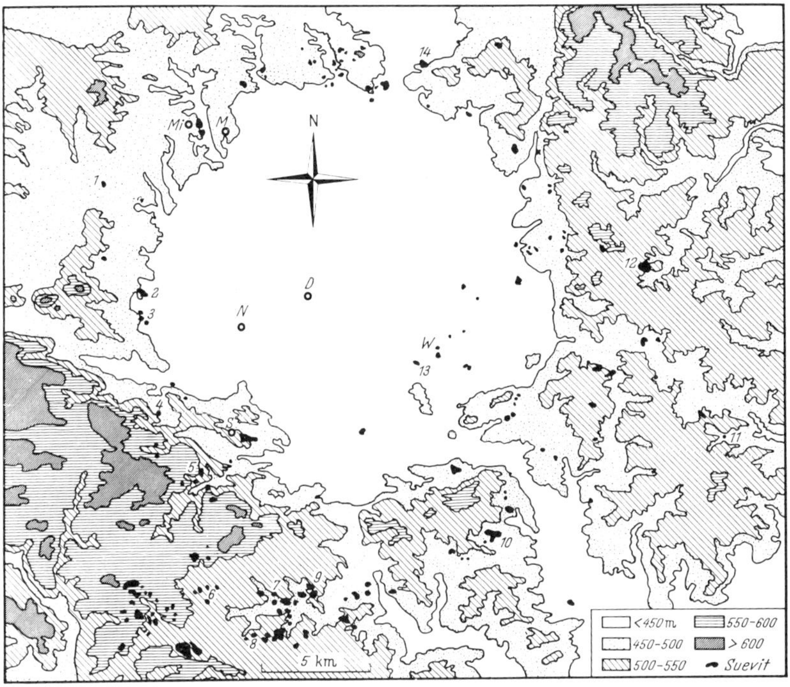

Suevit- und Grundgebirgsvorkommen innerhalb und außerhalb des Rieses (Suevit = Traß)
Die Suevitvorkommen sind schwarz dargestellt: 1 – Zipplingen, 2 – Goldburghausen, 3 – Heerhof, 4 – Altenbürg, 5 – Hürnheim, 6 – Aufhausen, 7 – Bollstadt, 8 – Amerdingen, 9 – Oberringingen, 10 – Mauren, 11 – Itzing, 12 – Otting, 13 – Alerheim, 14 – Hainsfarth (Kleinere Vorkommen und Vorkommen, die nicht gut zugänglich sind, wurden nicht erwähnt).
Grundgebirgsvorkommen: S – Schmähingen, W – Wennenberg, M – Maihingen, Mi – Minderoffingen, neben vielen anderen.
Orte: N – Nördlingen, D – Deiningen, – Höhenschichtlinien von 50 zu 50 m. (F. HÖRZ)

Die St. Georgskirche in Nördlingen

Völlig aus Suevit (Steinbruch Altenbürg) errichtet ist die St. Georgskirche mit Ihrem 90 m hohen Turm, dem „Daniel", in Nördlingen (erbaut von 1454 – 1490). Sie sollten sich die Zeit nehmen und den Daniel besteigen (365 Stufen!). Ein herrlicher Ausblick belohnt die Mühe. Zu Ihren Füßen liegt die ehemals Freie Reichsstadt Nördlingen. Die Stadtmauer schließt sich schützend um den historischen Stadtkern. Soweit das Auge reicht, erstreckt sich fruchtbares Ackerland bis zu den Höhen des Riesrandes, die am Horizont aufsteigen. An klaren Tagen kann man vom Daniel aus 99 Rieser Dörfer zählen.

Seit Jahren wird die Außenhaut von Turm und Kirchenschiff mit einem aufwendigen Verfahren restauriert, da der Suevit der zunehmenden Luftverschmutzung nicht mehr standhält.

Burgruine Niederhaus

Bei ausreichender Zeit sollten Sie es nicht versäumen, die Burgruine Niederhaus im südlichen Ries nahe Hürnheim, deren Grundmauern aus dem 12. Jahrhundert stammen, zu besuchen. 1633 wurde die Burg durch Feuer zerstört; heute ist sie Eigentum des Bayerischen Staates. Ein Großteil der Gemäuer ist aus behauenen Suevitquadern erbaut. Hier können Zusammensetzung und Struktur dieses Gesteines besonders gut studiert werden.

Glasbomben, auch „Flädle" genannt (Otting)

Sie kommen in tellerartigen Formen mit aufgewulsteten Rändern vor, oft sind sie auch zopfartig gedreht. Man kann an Hand ihrer Formen nachweisen, daß sie, noch zähflüssig, durch die Luft geflogen sind. Sie bestehen aus mehr oder minder gut zu natürlichem Glas aufgeschmolzenem Granit.

Querschnitt durch eine Glasbombe (Otting)

Glasbomben, die dunklen Einlagerungen im Suevit, sind im zähflüssigen Zustand ausgeworfen worden und haben dabei eine Verformung erfahren. Die Abkühlung muß sehr rasch erfolgt sein, da die Gase nicht Zeit hatten, zu entweichen.
Die zurückgebliebenen Gasblasen lassen noch heute Schlüsse auf die erfolgte Formveränderung zu. Die weißen Pfeile geben die Bewegungsrichtung an.

Graniteinschluß im Suevit (Otting)

Ein großer Teil der im Suevit eingelagerten Gesteinsbruchstücke ist durch Hitze verändert. Granitbruchstücke (I) sind oft blasig angeschmolzen, zeigen aber im Kern noch granitartige Struktur. Ihre äußeren Partien sind schon zu blasigem Glas aufgeschmolzen (II). Möglicherweise sind solche Stücke im heißen, aufwärtsgerichteten Glutstrom großer Hitze ausgesetzt gewesen. Der Granitkern mit der Schmelzkruste ist in die Suevit-Grundsubstanz (III) eingebettet.

Angeschlagenes, aus dem Suevit ausgewittertes „Flädle" (Heerhof)

Blasiges Glas umschließt ein angeschmolzenes Kristallinbruchstück, dessen Struktur noch deutlich zu erkennen ist. Die Ausschwänzung ist durch aerodynamische Verformung bedingt.

Versuche zur Deutung der Riesentstehung

Schon seit über 200 Jahren beschäftigen sich Wissenschaftler und interessierte Laien mit den im Ries beobachteten besonderen Gesteinsarten. Nach dem Verständnis der jeweiligen Zeit wurden immer neue Theorien zur Riesentstehung geboren und wieder verworfen. Viele berühmte deutsche Erdwissenschaftler versuchten, die unerklärlichen Erscheinungen im Ries zu deuten. Man sprach vom Rätsel Ries oder der „Sphinx des Rieses".

Aus dem Jahre 1758 stammen die ersten Berichte über die seltsamen Gesteine des Rieses. M. FLURL beschrieb 1805 die „wirklich vulcanische Gegend von Otting bis Rehau". Die erste geologische Karte des Rieses gaben A. SCHNITZLEIN und A. FRICKHINGER 1848 heraus. Als C. W. v. GÜMBEL im Rahmen der amtlichen geologischen Kartenaufnahme 1870 die Riesgesteine und insbesondere den Riestraß untersuchte, kam er zu dem Ergebnis, daß es einmal einen Riesvulkan gegeben haben müsse, der, selbst inzwischen wieder verschwunden, nur durch seine Auswurfmassen nachweisbar sei. Um die gleiche Zeit versuchten C. DEFFNER und um die Jahrhundertwende E. KOKEN die unsinnige Lagerung der Gesteine und ortsfremd abgelagertes Material sowie die Schliff-Flächen einem Riesgletscher zuzuordnen. Auf die schon weithin durchdachte Hebungs-Explosionstheorie von W. BRANCA und A. FRAAS (1901) folgte dann 1924 die Explosionstheorie nach W. KRANZ, verbessert von R. LÖFFLER und G. WAGNER. Sie war bis zum Jahre 1960 die gültige Lehrmeinung und ist noch heute in älteren Lehrbüchern vertreten.

Bereits im Jahre 1904 äußerte E. WERNER die Vermutung, daß das Ries durch den Einschlag eines kosmischen Körpers entstanden sein könnte. Besonders wichtig für die weitere Forschung war die von R. DEHM und seinem Schüler H. GALL betriebene genaue geologische Kartierung des Riesgebietes.

Es blieb zwei Amerikanern, E. M. SHOEMAKER und E. C. T. CHAO, vorbehalten, das Rätsel Ries entgültig zu lösen. Im Rahmen ihrer vergleichenden Untersuchungen der Wirkungen von Meteoriteneinschlägen und Atomsprengungen konnten sie Abarten des Quarzes (Hochdruckmodifikationen), nämlich *Coesit* und *Stishovit* nachweisen, deren Entstehung Drucke von bis zu 300 Kilobar voraussetzt. Diese Neubildungen sind zwar chemisch nicht verändert, haben aber eine andere Dichte und Lichtbrechung. Hier war nun das entscheidende Indiz gefunden, mit dessen Hilfe Meteori-

Sprengversuch von Artilleriemajor W. KRANZ 1911 an einem Riesmodell
W. KRANZ versuchte das „Rätsel Ries" experimentell zu lösen. Er sprengte mittels einer Schwarzpulverladung ein mehrschichtiges Riesmodell (A = Hauptherd, B = Nebenherd infolge fehlerhafter Zündung) und konnte infolge der hier gewonnenen Erkenntnisse einige Riesphänomene sehr gut deuten.

tenkrater einwandfrei bestimmt werden konnten, da diese Drucke durch irdische Kräfte nicht erklärbar waren. Es blieb nur noch eine Frage der Zeit, bis alle runden, kraterähnlichen Strukturen der Erde auf das Vorhandensein von Hochdruckmineralien untersucht waren. So geschah es auch im Nördlinger Ries.

Am späten Nachmittag des 27. Juli 1960 kam Professor SHOEMAKER in den Suevit-Steinbruch bei Otting am östlichen Riesrand und untersuchte sofort die dort aufgeschlossenen Gesteine. Lassen wir ihn selbst sprechen: „Ich nahm schnell noch bei einbrechender Dunkelheit drei Suevitproben, dann campten wir im nahegelegenen Wald. Am nächsten Morgen fuhren wir nach Nördlingen, und ich brachte die Proben an CHAO in Washington zum Versand. Binnen weniger Tage waren diese in seinem Besitz, und rasch hatte er röntgenographisch Coesit gefunden."

Damit war der Beweis für die Entstehung des Rieses durch den Einschlag eines Großmeteoriten erbracht. In den Folgejahren erhärteten zahlreiche geowissenschaftliche Untersuchungen diese Sensation (W. v. ENGELHARDT, A. EL GORESY, E. PREUSS, D. STÖFFLER, G. ANGENHEISTER). Mit Fug und Recht kann das Nördlinger Ries heute als einer der größten, am besten erhaltenen und der am besten erforschte Meteoritenkrater der Erde bezeichnet werden. R. DEHM, E. M. SHOEMAKER und E. C. T. CHAO wurden wegen ihrer bedeutenden Beiträge zur Erforschung des Rieses im Jahre 1983 mit der erstmaligen Verleihung des „Rieser Kulturpreises" geehrt.

Sie erbrachten grundlegende Arbeiten und lösten das Rätsel Ries: Dr. E. C. T. CHAO (Reston, Virginia), Prof. Dr. E. M. SHOEMAKER (Flagstaff, Arizona) und Prof. Dr. R. DEHM (München) am 19. 11. 1983 vor dem Rathaus in Nördlingen.

Der Meteoriteneinschlag – eine kosmische Katastrophe

Der Rieskrater entstand durch den Einschlag eines Großmeteoriten vor etwa 14,8 Millionen Jahren. Vermutlich aus dem Asteroidengürtel zwischen Mars-und Jupiterbahn kommend, durchschlug ein gewaltiger Himmelskörper (geschätzter Durchmesser 800 – 1200 Meter) beinahe ungebremst die Lufthülle der Erde und stürzte auf das Grenzgebiet zwischen Schwäbischer und Fränkischer Alb. Wissenschaftler errechneten eine Aufschlagsgeschwindigkeit von 20 – 60 km pro Sekunde, wobei eine Energie frei wurde vergleichbar der Sprengkraft von 250.000 Hiroshima-Bomben. Die Energiemenge liegt also in einer Größenordnung, mit der allenfalls die

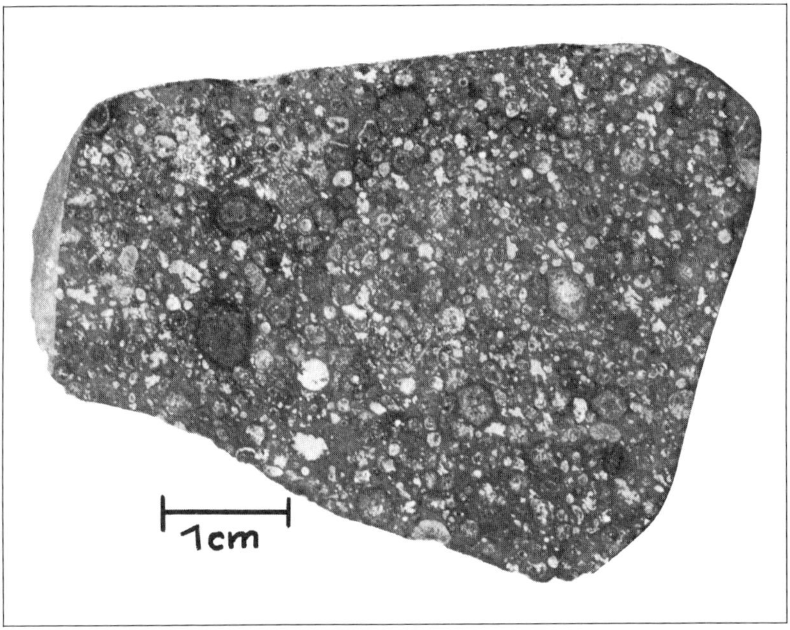

Scheibe eines Steinmeteoriten

Die abgesägte und polierte Scheibe eines Steinmeteoriten (Allende-Meteoritenschauer, Mexiko, 1969) zeigt deutlich die Struktur eines Meteoriten (kohliger Chondrit), wie er in ähnlicher Ausbildung auch für das Ries vermutet wird. Diese Meteorite zählt man zu den ältesten Gebilden des Sonnensystems.

Explosionsenergie großer Wasserstoffbomben konkurrieren kann. Allerdings müßten 50 Stück 100-Megatonnen-Bomben gleichzeitig gezündet werden, um eine ähnliche Energie freizusetzen (STÖFFLER 1972). Selbst die größten Rechenanlagen reichen nicht aus, um alle Vorgänge bei der Entstehung des Rieskessels rechnerisch zu erfassen (EL GORESY 1982). Einen solchen Meteoriteneinschlag bezeichnet man in Anlehnung an die englische Sprache als *Impakt.* Infolge der gewaltigen Hitzeentwicklung brandete ein Glutstrom über das Land, der alles tierische und pflanzliche Leben im Umkreis von 500 Kilometern auslöschte.

Der Ablauf der Rieskatastrophe

Millisekunden vor dem Aufschlag des Meteoriten auf der tertiären Landoberfläche wurde die Luft zwischen dem anfliegenden Körper und der Erde zusammengepreßt und ungeheuer erhitzt. Eine Entlastung des Druckes konnte nur nach seitlich erfolgen, wobei eine dünne Schicht der Landoberfläche aufgeschmolzen und mitgerissen wurde. Mit einer Geschwindigkeit, die wohl noch größer als die des Meteoriten war, wurde ein Regen kleiner und kleinster natürlicher Glastropfen ausgeschleudert (jetting). Im Gebiet der Tschechoslowakei (Böhmen und Mähren) finden sich diese Glastropfen heute noch in großer Zahl. Die Entstehung der sog. Moldavite war lange Zeit ungeklärt und konnte nur durch Experimente mit hochbeschleunigten Projektilen, physikalischen Altersbestimmungsmethoden und chemischen Untersuchungen fast zweifelsfrei mit dem Riesereignis in Verbindung gebracht werden (LUFT 1983). An vielen anderen Orten der Welt (Australien, Indochina) werden solche Tektite, wie sie zusammenfassend heißen, gefunden. Ihre Entstehung wird allgemein auf Meteoriteneinschläge zurückgeführt.
Nur Sekundenbruchteile später traf der gewaltige Körper auf der Landoberfläche auf, durchschlug die Sedimentgesteine und drang etwa 700 – 1000 m in den kristallinen Untergrund ein. Meteorit und unmittelbar benachbartes Gestein wurden auf 40% des ursprünglichen Volumens zusammengepreßt. In wenigen Sekunden entstand ein tiefer, schüsselförmiger Primärkrater. Die Druckentfaltung setzte sich in Form von Druckwellen mit mehrfacher Schallgeschwindigkeit in das umgebende Gestein kugelschalig nach allen Seiten fort. Solche Druckwellen mit Überschallgeschwindigkeit und Drücken von bis zu 50 Mbar bezeichnet man als Stoßwellen. Eine Stoßwellenfront verlief natürlich auch im Meteoriten entgegen seiner Bewegungsrichtung. Mit zunehmender Eindringtiefe verloren

die Stoßwellen schnell an Energie und veränderten das umliegende Gestein sehr unterschiedlich.
Nach weniger als 2 Sekunden begann die Hauptauswurfphase, wobei zunächst jüngeres, dann älteres Gestein ausgeschleudert wurde, und in inverser Abfolge, also entgegengesetzt zur ursprünglichen Schichtung zur Ablagerung kam. Durch übereinandergeschobene Gesteinspakete bildeten sich die Schliff-Flächen. Die im Winkel von 45° ballistisch ausgeworfenen Trümmermassen schürften beim Auftreffen auf die Landoberfläche noch beträchtliche Mengen von Lokalmaterial auf (bis zu 90%) und erfuhren nochmals eine intensive Durchmengung. Hierdurch ist die Entstehung der Bunten Trümmermassen geklärt, die das ganze Vorland des Rieses überdeckten und teilweise heute noch überdecken. Tonnenschwere Gesteinsblöcke aus dem Weißen Jura flogen dabei bis zu 60 km weit. Nach etwa 2 Minuten war der Auswurf der Bunten Trümmermassen beendet.
Inzwischen war auch der eindringende Meteorit zur Ruhe gekommen. Ein Teil der ungeheuren Bewegungsenergie wandelte sich in Wärme um, deren Größenordnung wohl bei einigen Zehntausend Grad vermutet werden darf. In Milli-, höchstens Zehntelsekunden verdampften der Meteorit und das unmittelbar benachbarte Gestein und verließen explosionsartig als glühende Dampfwolke den Krater. Man schätzt, daß etwa 2 – 3 km^3 Gestein verdampft sind. Weitere 5 km^3 vorwiegend granitischen Materials aus dem Riesuntergrund schmolzen und vermischten sich mit der sich ausdehnenden Gas- und Glutwolke (DAVID 1969). Aus aufgeschmolzenem Material aus dem Grundgebirge, vermischt mit Staub und geringen Anteilen von Sedimentgesteinen, entstand der über den Bunten Trümmermassen abgelagerte Suevit (Auswurfsuevit). Dabei wurden dieser Suevit-Brekzie aerodynamisch verformte Glasbomben unterschiedlicher Größe (bis 50 cm) und einem Anteil bis zu 20% (v. ENGELHARDT 1972) eingelagert.
In einer Mächtigkeit von mehreren hundert Metern, fast völlig ohne Anteile des Deckgebirges und mit erheblich geringeren glasigen Bestandteilen lagerte sich der Rückfallsuevit in der Kraterhohlform ab. Dieser wurde vermutlich nie hoch ausgeschleudert, sondern verblieb im Krater.
Gleichzeitig federte das zusammengepreßte Gestein aus dem Riesuntergrund ähnlich einem zusammengedrückten Gummiball zurück (Stoßwellenrückkehr). Im zentralen Bereich des Kraters „flossen" kristalline Gesteine unter intensiver Durchmengung nach oben und füllten den Primärkrater innerhalb einer Minute größtenteils wieder auf, wobei auch eine Durchmengung mit suevitischem Material durchaus möglich war. Zur selben Zeit kam es in der Randzone des primären Kraters zu umfangreichen

Absenkungen, die die Kraterstruktur auf den heute erkennbaren Umfang erweiterten. Hierdurch ist auch die Entstehung des Inneren Ringwalles (Durchmesser 9 – 11 km) geklärt, dem einzelne Erhebungen in der Riesebene, wie der Wennenberg, der Spitzberg, der Hahnenberg oder der Stoffelsberg angehören (Abb. S. 22).
Schließlich vermutet man, daß es bei instabiler Lage noch zu Abrutschungen einzelner Gesteinspakete kam. Die Form des Kraters wurde dadurch jedoch nicht mehr wesentlich verändert. Nach 10 – 15 Minuten war die Kraterbildung abgeschlossen.
Insgesamt wurden 100 – 150 km^3 Gesteinsmaterial ballistisch ausgeworfen und 800 – 1000 km^3 bewegt.

Zusammenfassend können die Impaktgesteine des Rieses und ihre unterschiedliche Stoßwellenbeanspruchung wie folgt eingeteilt werden (HÜTTNER 1977).

Ausgangsmaterial	überwiegend Deckgebirge	überwiegend Grundgebirge	
Stoßwellenbeanspruchung	*i. a. niedrig*	niedrig bis *mittel*	niedrig bis *hoch*
Impaktgesteinstyp	Bunte Trümmermassen allochthone Bunte Schollen; Breccie Gries	Polymikte Kristallinbreccien	Suevit

Schematische Darstellung des Meteoriteneinschlages

(in Anlehnung an David, Gall, Hüttner, Kavasch J., Pohl und Stöffler)

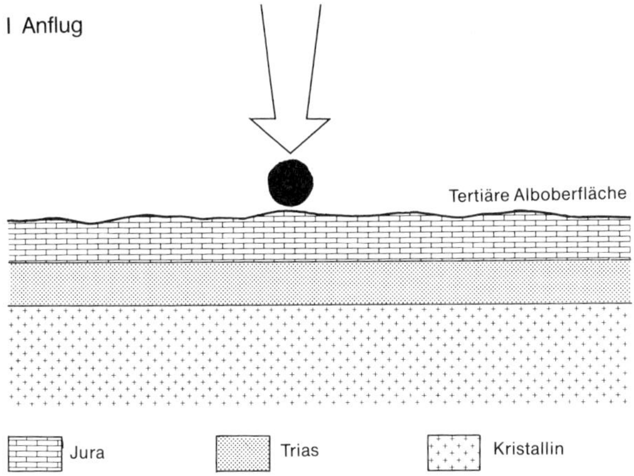

Ein Steinmeteorit (Durchmesser 800 – 1200 m) durchschlägt in 1 – 2 Sekunden die Atmosphäre mit einer Geschwindigkeit von 20 – 60 km/sec.

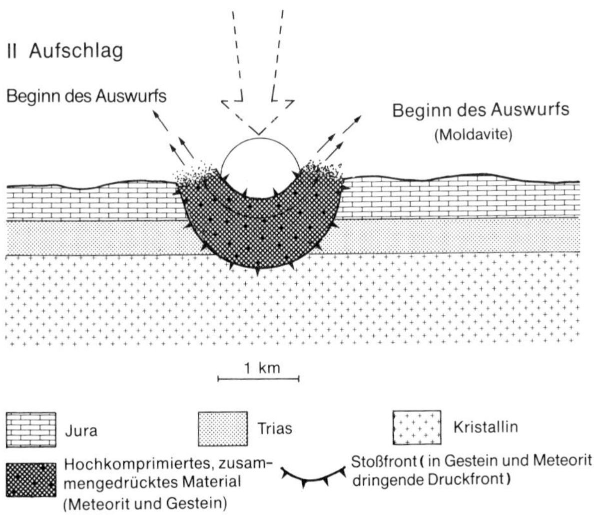

Der Meteorit schlägt auf der Alboberfläche auf, durchdringt das Sedimentgestein und bohrt sich etwa 1 km tief in das Kristallin. Unmittelbar vor dem Aufschlag und während des Eindringens werden die Moldavite ausgeschleudert. Kugelschalig breitet sich eine Druckfront (Stoßwellenfront) im Gestein und entgegenlaufend im Meteoriten aus.

III Der Meteorit verdampft

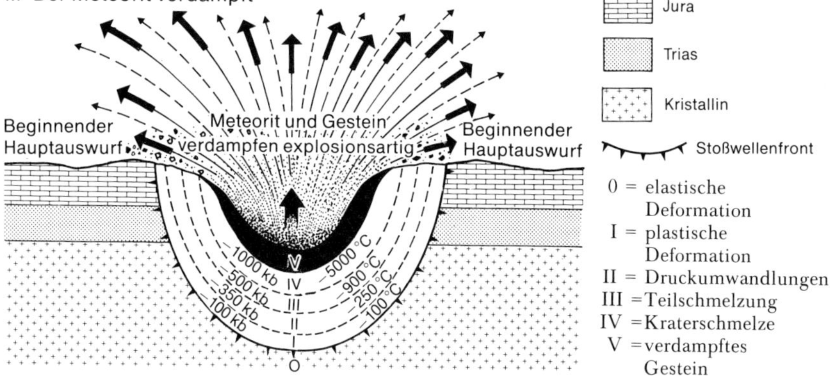

Sofort nach dem Aufschlag entstehen im Einschlagszentrum Drucke von mehreren Tausend Kilobar und Temperaturen von über 10.000° C. Meteorit und umgebendes Gestein werden auf bis zu 40 % des ursprünglichen Volumens komprimiert und verdampfen explosionsartig. Die Stoßwellenfront verliert sehr schnell an Energie und Geschwindigkeit und läuft mit etwa 5 km/s weiter. Man unterscheidet verschiedene Stadien der Beanspruchung des Gesteines (Stoßwellenmetamorphose V–0).

IV Hauptauswurf

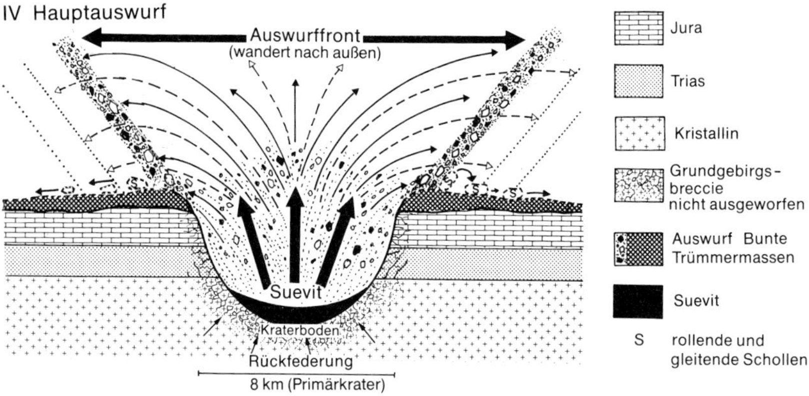

Nach weniger als 2 sec. beginnt der Hauptauswurf, wobei die Bunten Trümmermassen in Form eines trichterförmigen „Auswurfvorhanges" ausgeschleudert und in einer Mächtigkeit von über 100 m auf einer Fläche von 2 500 km² rund um das Ries abgelagert werden (STÖFFLER). Insbesondere große Malmschollen (S) können auch rollend und gleitend transportiert worden sein. Die Bunten Trümmermassen werden anschließend von Suevit überdeckt. Ein Teil des Suevits verbleibt im Primärkrater, der nur einen Durchmesser von etwa 8 km hat.

V Endphase der Kraterbildung

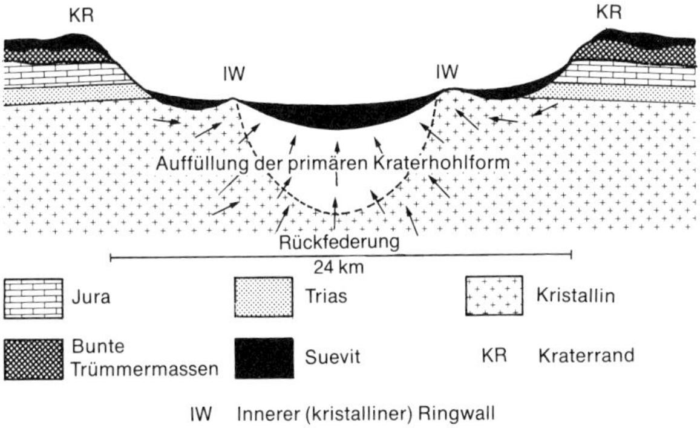

Zum Kraterzentrum hin zurückfließendes Gesteinsmaterial (Rückfederung) füllt den Primärkrater großenteils auf. Durch Absenkungsvorgänge rund um den Primärkrater wird der endgültige Kraterdurchmesser auf etwa 24 km erweitert. Es bildet sich der innere (kristalline) Ringwall.

VI Der Ries-Meteoritenkrater heute

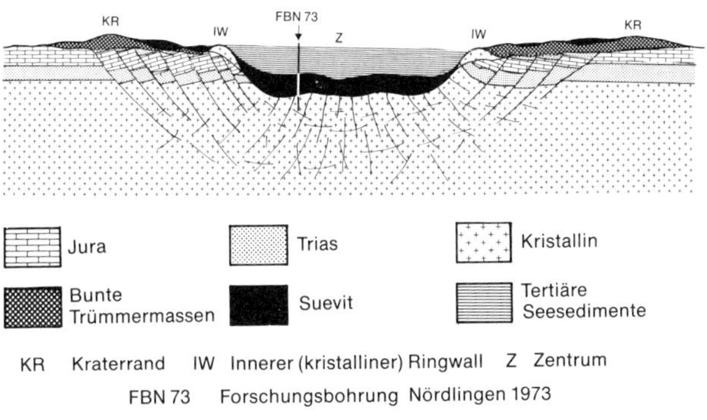

Durch Auffüllung mit Sedimenten des Riessees, die allerdings später wieder teilweise ausgeräumt werden, entsteht die flache Schüssel des Rieses in ihrer heutigen Gestalt.

Zeichnungen: F. Klieber

Rieskrater und Planetengeologie

Einschlagskrater finden wir auf allen benachbarten Planeten, wie Mond, Merkur, Mars und Venus, sowie auf vielen anderen kleineren Gestirnen des Sonnensystems. Die pockennarbige Oberfläche dieser Himmelskörper kennen wir von zahlreichen Satellitenphotos. Sie ist das Ergebnis eines massiven Meteoritenbombardements vor 3 – 4 Milliarden Jahren.
Natürlich hat die Oberfläche unserer Erde genauso ausgesehen. Durch die fortschreitende Erosion sind jedoch die meisten dieser Impaktstrukturen

Der Arizonakrater im Staate Arizona im Südwesten der USA
Der Arizonakrater, auch Canon-Diablo-Krater oder nach seinem Erforscher Barringer-Krater genannt, hat einen Durchmesser von 1,2 km und eine Tiefe von 180 m. Er ist durch den Einschlag eines Eisenmeteoriten entstanden. Außerhalb des Kraters wurden Bruchstücke dieses Meteoriten in großer Menge gefunden. Deutlich ist die Aufwölbung des Kraterrandes (Kraterwall) zu sehen. Im getroffenen Sandstein konnten die Hochdruckminerale Coesit und Stishovit nachgewiesen werden.
Die Aufnahme erfolgte aus nördlicher Richtung.

abgetragen oder zusedimentiert worden. Wir kennen heute auf der Erde nur noch rund 100 ringförmige Gebilde, die mit einiger Sicherheit durch einen Meteoriteneinschlag entstanden sind. Nur einige wenige Krater sind jedoch so gut erhalten und so leicht zugänglich wie das Nördlinger Ries. Dies erklärt das große Interesse der Wissenschaft an der Erforschung des Rieskraters. Erkenntnisse, die hier gewonnen wurden, können auf Impaktprozesse auf anderen Planeten übertragen werden.

Luftaufnahme des Steinheimer Beckens aus südwestlicher Sicht
Im Norden Steinheim, im Süden Sontheim zeigt diese Aufnahme das wenige Kilometer vom Ries entfernte Steinheimer Becken. Geologisch gleichaltrig, wird eine gleichzeitige Entstehung vermutet, wobei allerdings auch ein Kometenkern als Verursacher dieses Kraters auf der Schwäbischen Alb diskutiert wird. Deutlich sichtbar der für Meteoritenkrater dieser Größe (Durchmesser 3,4 km) typische Zentralhügel (Klosterberg).
Luftbild von Albrecht Brugger (Stuttgart), Dezember 1968, freigegeben vom Regierungspräsidium Nord-Württemberg Nr. 2/27814).

Astronauten im Ries

Zu einem geologischen „field-training" schickte die NASA 1970 die Astronauten des Apollo-14-Landeunternehmens ins Ries. CERNAN, ENGLE, MITCHELL und SHEPARD sollten hier unter der Anleitung von Prof. Dr. v. ENGELHARDT, einem Mineralogen und hervorragenden Rieskenner,

Astronauten und deutsche Geowissenschaftler bei der Untersuchung von Gesteinsproben im Nördlinger Ries.

Im Bild von links nach rechts: Dr. F. Hörz (Houston), Eugene A. Cernan (Astronaut), Dr. Edgar A. Mitchell (Astronaut), Prof. Dr. D. Stöffler (Mineraloge, heute Münster), Dr. M. McEwen (Houston), Prof. Dr. W. v. Engelhardt (Mineraloge, Tübingen), Alan B. Shepard (Astronaut), Joe H. Engle (Astronaut).
Photo mit Zeiss Tessar: Rolf Lindel

mit den Besonderheiten der Gesteine eines Meteoritenkraters vertraut gemacht werden. Außerdem mußte die Gesteinsprobenentnahme geübt werden. So zeigte sich dann auch bei den zur Erde zurückgebrachten Mondgesteinen eine große Ähnlichkeit mit dem im Ries vorgefundenen Gesteinsmaterial.

Der Riessee – friedlicher Ausklang

Ein Salzsee entsteht

Nach der kosmischen Katastrophe kam es, ausgelöst durch die aufsteigende Gas- und Dampfwolke ähnlich wie bei Atombombenexplosionen, zu sintflutartigen Regenfällen. Gewaltige Schlammströme wälzten sich in den Krater. Der heiße Kraterboden glich einer brodelnden Schlammwüste.
Durch die ausgeworfenen Gesteinsmassen war das natürliche Entwässerungssystem in weitem Umkreise zerstört. Der Rieskrater füllte sich infolge der Zuflüsse von den Randhöhen, durch eindringendes Grundwasser und durch Regenfälle mit Wasser. Es entstand der Riessee. Mit rund 400 km^2 wäre dieser See, gäbe es ihn heute noch, der drittgrößte See Europas (Bodensee 540 km^2). Die längste Zeit seines Bestehens konnten in seiner Umgebung bei semiaridem bis aridem Klima nur trockenheitsverträgliche Pflanzen gedeihen. Das Wasser war infolge der hohen Verdunstung und der Lösungen aus dem Untergrund salzhaltig wie in allen abflußlosen Seen der Gegenwart (Sodasee). Der Salzgehalt war erheblich höher als bei den heutigen Weltmeeren, so daß nur wenige angepaßte Wasserpflanzen und -tiere den See besiedeln konnten. Die Auffüllung des Seebeckens erfolgte aus den Schuttmassen und deren Verwitterungsmaterialien. Wie die Forschungsbohrung Nördlingen 1973 ausweist, enden bei einer Tiefe von 324,5 Metern unter der heutigen Landoberfläche die durch den Meteoriteneinschlag gebildeten Impaktgesteine (Suevit).
Fast übergangslos folgen die Ablagerungen des Riessees. Zunächst noch von grobstückigem Gestein durchsetzt, beginnt dann eine feinschichtige Sedimentation. Zahlreiche Ablagerungen des Riessees, allerdings in einer mehr kalkig-tuffigen Form (Travertin), finden wir in Aufschlüssen am Riesrand sowie als Kuppen auf den Erhebungen des „Inneren Ringwalles" (Wallersteiner Felsen, Stoffelsberg, Adlersberg, Hahnenberg, Spitzberg, Wennenberg). Wie der Suevit wurde auch der Riesseekalk früher gerne zum Bauen verwendet.

Römische Säule auf dem Dorfplatz Nähermemmingen

Bereits in römischer Zeit wurde das im Ries vorgefundene Gestein, der Suevit und die Riesseekalke, zu Bauzwecken verwendet. In Nähermemmingen ist der aus Riesseekalk gehauene Säulenstumpf einer römischen Portikussäule heute noch zu bewundern.

Riesseekalk als Baustein (St. Lorenz in Minderoffingen)
Die romanische Wehrkirche in Minderoffingen aus dem 12. Jahrhundert ist ganz aus Riesseekalkquadern errichtet. Zahlreiche Fossilabdrücke helfen bei der Bestimmung des Gesteines.

Erdöl aus dem Ries?

Da der See keinen größeren Zu- und Abfluß hatte, blieben die tieferen Wasserschichten meist ohne Sauerstoffzuführung. Bei tierischer und pflanzlicher Verwesung unter Sauerstoffabschluß entwickelten sich bitumenhaltige Mergellagen (Stinkmergel), die heute als klassisches Erdölmuttergestein gelten. Teilweise tropfte von den Bohrkernen flüssiges braunes Erdöl (Forschungsbohrung Nördlingen 1973). Ein Bitumengehalt von bis zu 20%

wurde nachgewiesen. Berechnungen ergaben, daß die Ablagerungen des Riessees etwa 100 Millionen m^3 Schweröl enthalten. Methoden zur wirtschaftlichen Gewinnung unter Berücksichtigung der Interessen des Umweltschutzes sind heute noch nicht bekannt. Dennoch wurde bereits vor Jahren an die deutsche Erdölindustrie eine Aufsuchungskonzession zur Niederbringung von Flachbohrungen (Nördlinger Ries 1001 und 1002) erteilt, die der näheren Untersuchung der Erdölvorkommen im Ries dienen sollten.

Das Ende des Sees

Die Meinungen über die Zeit des Bestehens des Riessees und über sein Vergehen weichen weit voneinander ab. Als Mittel der verschiedenen Zeitangaben ergibt sich eine ungefähre Dauer von 2 Millionen Jahren. Durch feuchteres Klima und größere Zuflüsse süßte der See zunehmend aus. Die Kraterhohlform war durch die Ablagerungen des Sees aufgefüllt, der See verlandete. Als letzte Phase des vergehenden Sees haben sich noch im Tertiär weite Sümpfe bzw. Sumpfwälder gebildet. Ihnen und eingeschwemmten Pflanzenresten sind die tertiären Braunkohlenlager im östlichen Ries zu verdanken. Durch Wassereinbrüche und infolge des hohen Gehaltes an Schwefelkies kamen die verschiedentlich unternommenen Abbauversuche (z. B. zwischen Deiningen und Fessenheim) immer wieder zum Erliegen. Zu industrieller Nutzung waren die einzelnen Flöze zu wenig mächtig (z. B. bei Deiningen 3 m), obwohl sie oberflächennah liegen.
Die vielen Schwefelquellen, die es früher zwischen Nördlingen und Wemding gab und denen Wildbad Wemding seine Entstehung verdankt, bezogen ihren Schwefelgehalt aus der Braunkohle. Sie haben also mit dem Riesgeschehen keinen direkten Zusammenhang. Wegen der in den letzten Jahrzehnten immer weiter getriebenen Entwässerung und der daraus entstandenen Absenkung des Grundwasserspiegels sind die Schwefelquellen fast alle versiegt.
Wie Reste von Seeablagerungen 100 m über dem heutigen Niveau der Riesebene beweisen, hatte der Riessee im Endtertiär den gewaltigen Krater vollständig aufgefüllt. Nichts erinnerte mehr an die Sternenwunde. Das Gewässernetz breitete sich wieder aus (Ureger, Urwörnitz und Urmain) und überdeckte das ganze Gebiet noch mit einer mächtigen Sand- und Schotterschicht, deren Reste östlich des Rieses in den Monheimer Höhensanden heute noch erhalten sind.
Mit der Anhebung der Albtafel schnitten sich Flüsse und kleinere Gewäs-

ser immer weiter ein und begannen, die weichen Ablagerungen des Riessees auszuräumen. Die Kraterhohlform entstand wieder, und die Erhebungen des Inneren Ringwalles mit ihren Riesseekalkkuppen wurden als Härtlinge herauspräpariert. Die Erosion formte das Ries in seiner heutigen Gestalt.

Die Fossilien des Riessees

Pflanzen- und Tierreste in den Seeablagerungen zeigen uns, daß der See einerseits in trockenheißem Steppenklima lag, andererseits kann man aus den Versteinerungen schließen, daß in der Randzone des Sees, im Schilfgürtel, vielfaches Leben herrschte. Zahlreiche versteinerte Vogelknochen, Federn und Eier dokumentieren die besterhaltenste Vogelfauna der Erde, die aus dem Jungtertiär bekannt ist. Aus mehreren Aufschlüssen sind Reste von Schildkröten, Schlangen, Igeln, Hamstern, Fledermäusen, Pfeifhasen, hundegroßen Muntjak-Hirschen und marderartigen Raubtieren bekannt. Fast überall finden wir die in ungeheurer Individuenzahl vorkommende Wasserschnecke *Hydrobia trochulus.* Sie tritt häufig ebenso wie die Schalen des Muschelkrebschens *Cypris faba risgoviensis* gesteinsbildend auf. Die zunehmende Aussüßung des verlandenden Sees dokumentiert das Vorkommen der Posthornschnecke *Planorbarius cornu mantelli.* Auch die Schlammschnecke *Radix socialis dilatata* ist erst aus der Endzeit des Sees bekannt. Vielfach findet man eingeschwemmte Landschnecken der Art *Cepaea sylvestrina,* einer Verwandten unserer Garten- oder Bänderschnecke. Bei Bauaushüben (Mönchsdeggingen, Wemding) wurde mehrfach das Brackwasserfischchen *Pomatoschistus sp.* gefunden (Abb. S. 48 – 53).
Wesentlichen Anteil an der Bildung massiger Kalkstotzen im Randgebiet und an Untiefen des Sees hatten Grünalgen wie Characeen und Cladophoriten, während die Blaugrünalgen mehr krustenbildend auftraten. Dünne, verkalkte Algenfäden in wirrer Lage geschichtet, können an fast allen Riesseekalkvorkommen gefunden werden. Kalküberkrustete Schilfreste und Äste, Abdrücke von Zapfen der Wasserkiefer, von Blättern und Blütenspelzen zeugen von einer reichen pflanzlichen Besiedelung des Seeufers (Abb. S. 54 – 55).
Leider wird der Riesseekalk heute nicht mehr abgebaut, so daß größere Fossilfunde selten geworden sind. In vergangenen Jahrhunderten wurden aus Riessee-Travertin z.B. die Oettinger Stadtmauer, die Basilika in Auhausen und die Kirche von Minderoffingen errichtet. Die meisten Funde sind vom Wallersteiner Felsen und vom Goldberg bekannt.

An Mineralien führen die Kalke Eisenhydroxide, denen sie ihre gelbe Farbe verdanken (Goldberg!), gelegentlich auch Kupferminerale (Kupferlasur und Malachit). Einige Vorkommen sind mehr oder weniger radioaktiv (Wennenberg).

Wasserschnecke Hydrobia trochulus

Diese Wasserschnecke, die oft ganze Gesteinspakete bildet, liebt das salzhaltige Wasser. Sie ist keine Meeresschnecke, sondern lebt in Binnenseen ohne Abfluß, wie etwa dem Roten Meer. Ihr Vorhandensein, wie das des Muschelkrebschens, beweist, daß ähnliche Verhältnisse auch im Riessee geherrscht haben (ein Teilstrich = 1 mm).

Muschelkrebschen Cypris faba risgoviensis

Auch Cypris bildete ganze Bänke im Riesseekalk (besonders in Hainsfarth). Wie Hydrobia liebt auch das Schalenkrebschen mineralreiche Gewässer (1 Teilstrich = 1 mm).

Posthornschnecke Planorbarius cornu mantelli (Hahnenberg bei Appetshofen)

Die zunehmende Aussüßung in der Endzeit des Sees dokumentiert das Vorkommen der Posthornschnecke, die in salzigem Wasser nicht leben kann. Durchmesser der Schnecke: 2 cm.

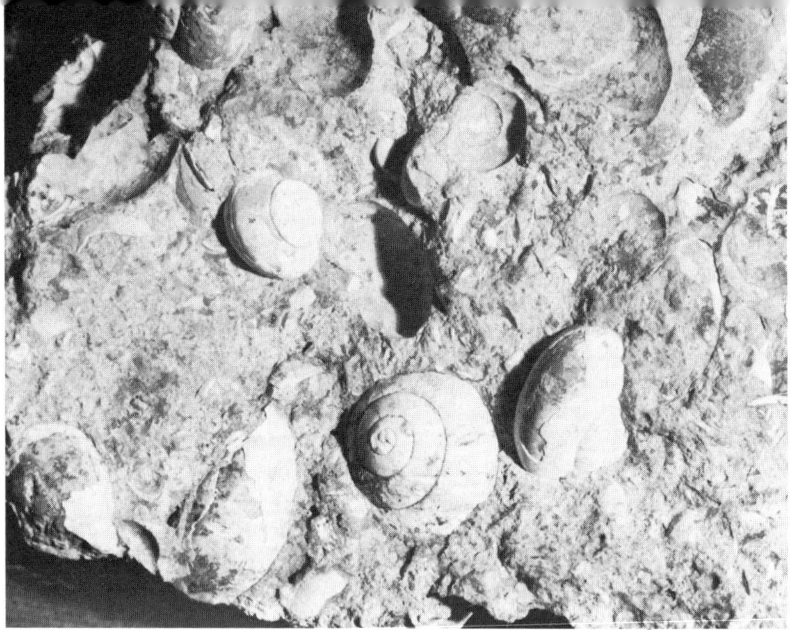

Landschnecken im Riesseekalk (Wengenhausen, Adlersberg südlich von Nördlingen) Häufig findet man im Riesseekalk eingeschwemmte Landschnecken der Art *Cepaea sylvestrina*. Manchmal sind sogar noch die Schalen erhalten (oberes Bild). Gelegentlich kann man auch erkennen, daß sie gebändert waren. Meist sind jedoch nur noch die Ausfüllungen der Gehäuse, die Steinkerne, zu finden (unteres Bild).

Federreste im Riesseekalk (Goldberg)

In alter Literatur wird viel von Vogelresten im „Sprudelkalk" berichtet. Abgebildetes Stück konnte an der Westseite des Goldberges geborgen werden. Es sind von Kalk inkrustierte Federreste aus der Zeit des Riessees. Flamingos, Reiher, Pelikane und andere wärmeliebende Vögel hinterließen hier ihre Spuren. Seit der Abbau des Riesseekalks eingestellt wurde, sind solche Funde äußerst selten geworden.

Versteinerte Eier aus dem Riesseekalk (Goldberg)

Eier können als Hohlraum (oben) und als Steinkern (unten) erhalten sein. Im kalkhaltigen Wasser wurde die Schale bald von einer Kalkschicht überzogen. Blieb die Schale ganz, so füllte sich der Hohlraum nicht aus. Hatte die Eierschale ein Loch, so wurden Kalk, Sand, ja selbst kleine Schnecken eingeschwemmt. So entstand ein Steinkern. Meist ist die Schale ganz oder teilweise erhalten. Die Schale des oberen Eies bekam vor 15 Millionen Jahren einen Sprung. Er ist noch heute deutlich zu erkennen. Das Fünfzig-Pfennigstück dient als Größenvergleich.

Abdruck einer Schildkröte (Wallersteiner Felsen)

Dieser herrlich erhaltene Abdruck einer Schildkröte soll am Wallersteiner Felsen gefunden worden sein. Ein Gipsabguß des Stückes liegt im Nördlinger Museum, das Original wird im Landesmuseum Baden-Württemberg verwahrt.

Brackwasserfischchen Pomatoschistus sp. (Mönchsdeggingen)

Gelegentlich werden bei Bauarbeiten plattige Ablagerungen des Riessees angeschnitten. Diese Kalke konnten sich nur im ruhigen Wasser des Uferbereiches bilden und sind sehr fossilreich. Länge des Fischchens: 4 cm.

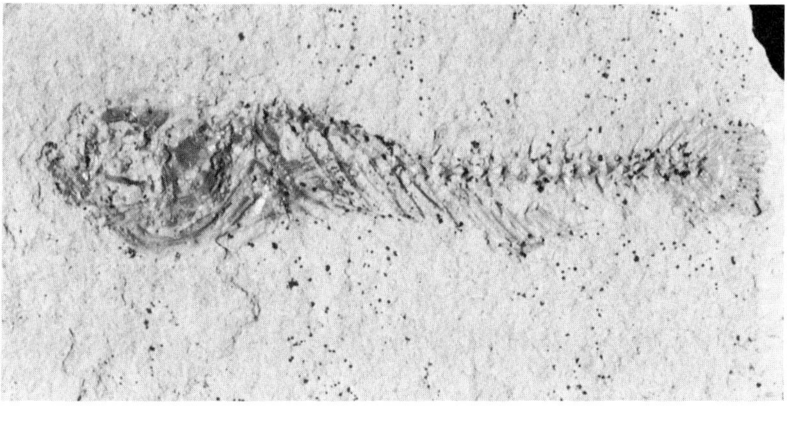

Algenkalk vom Buschel in Hainsfarth

Die Kalkalge Chara baut um ihren Körper herum eine Kalkkruste auf. Ähnlich wie die Korallen stirbt sie unten ab und wächst oben weiter. So ist diese Alge vielfach zum Gesteinsbildner geworden, auch in den Riesseekalken (die dunkle Stecknadel dient als Größenvergleich).

Schilfkalk (Hainsfarth)

Die Schilfstengel sind heute längst vergangen, übrig blieben die Kalkkrusten. Diese Überkrustung kann auch heute noch in kalkhaltigen Gewässern beobachtet werden (Uracher Wasserfall).

Blattabdruck eines Laubbaumes (Goldberg)

Gelegentlich findet man im Riesseekalk Abdrücke eingeschwemmter oder angewehter Blätter, die schnell von Kalk überkrustet wurden.

Die Eiszeit brachte die Fruchtbarkeit

Im ausgehenden Tertiär und während der Eiszeit mit ihrem Wechsel von Kalt- und Warmzeiten hatte das Ries seine heutige Gestalt erreicht. Während der letzten Kaltzeit gehörte es zum Bereich der Kaltsteppe mit Dauerfrostboden, ähnlich den arktischen Gebieten heute. Die Sonne taute im Sommer nur eine dünne Bodenschicht auf, so daß anspruchslose widerstandsfähige Sträucher (Zwergbirke, Zwergweide, Silberwurz) ihr kärgliches Leben fristen konnten. Außer diesem typischen Bewuchs der Kaltsteppe konnten nur krautige Pflanzen, aber keine Bäume gedeihen.
Im Windschatten der westlichen und südlichen Kraterranderhebungen brachten kalte Steppenwinde den fruchtbaren Löß zum Absatz, dem das Ries seinen Ruf als „zweite Kornkammer Bayerns" verdankt. Dieselben Winde, die im Westen den Löß absetzten, bliesen aus dem weit gefächerten Flußtal der Wörnitz feine Sande aus, die im Ostries große Flächen überdecken und z.T. industriell genutzt werden (Gosheim). Diese Winde türmten auch Wanderdünen auf (Wemding-Gosheim), die, durch natürlichen

Durch Wald festgelegte Wanderdünen bei Gosheim.
Diese Flugsande überdecken im Ostries weite Flächen und werden z.T. industriell genutzt. Ihre Entstehung in der Eiszeit wurde durch Funde von Mammutzähnen belegt (SCHRÖDER/DEHM 1950).

Bewuchs stabilisiert, bis heute erhalten sind. Besonders aus dem Gosheimer Raum sind Funde von Mammut- und Wildpferdzähnen und von Skelettresten des Wollhaarnashornes bekannt. Diese Funde belegen die zeitliche Einordnung der Sande.

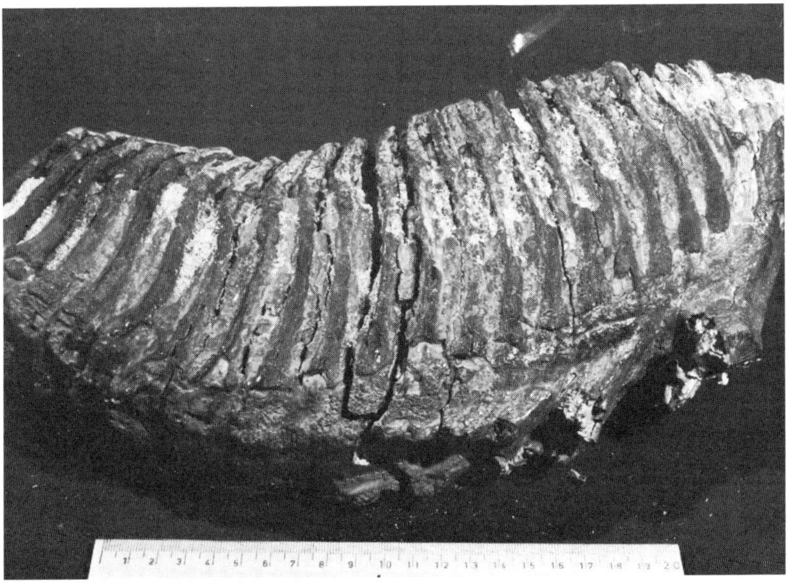

Backenzahn eines Mammuts (Gosheim)

In den Gosheimer Sanden finden sich gelegentlich eiszeitliche Fossilien in Form von Zähnen und Knochen des Mammuts, des Wollhaarnashornes und von Wildpferden. Mit Hilfe dieser Funde konnte das Alter der Gosheimer Sande genau bestimmt werden.

Das Westries ist heute eine wellige, sehr fruchtbare Fastebene, das Ostries aber „bretteben", sandig und feuchter und daher, trotz aller Entwässerungsmaßnahmen, noch immer ein weites Wiesengebiet, das von kleineren und größeren Waldflächen unterbrochen ist.
Noch heute ist übrigens die Entwässerung des Rieses nicht ganz gelöst. Fast alljährlich treten bei der Schneeschmelze und starken Regenfällen die Riesflüsse, vor allem die Wörnitz, über die Ufer. Das weite Tal ist dann ein einziger See von fast zehn Kilometern Länge und stellenweise bis zu drei Kilometern Breite. Da die Überschwemmungen meist im Frühling und im

Herbst zu erwarten sind, sammeln sich hier die Durchzügler unter den Vögeln auf ihrer großen Reise vom Norden in ihre warme Winterheimat oder umgekehrt. Der Naturfreund findet dann eine ausgezeichnete Gelegenheit, die oft in großer Zahl rastenden Wanderer zu beobachten.

Wörnitzüberschwemmung bei Heroldingen
Zu Zeit der Schneeschmelze oder nach ergiebigen Regenfällen verwandelt sich das Tal der langsam fließenden Wörnitz zu einer weiten Wasserwüste. Äcker, Wiesen und Straßen werden von den schmutzigbraunen Fluten überzogen. Die Aufnahme wurde 1984 vom Rollenberg aus gemacht. In Bildmitte die Dörfer Heroldingen und Schrattenhofen, im Hintergrund der Wennenberg.

Geologischer Pfad

Die folgenden Abbildungen zeigen Aufnahmen von besuchenswerten Aufschlüssen in alphabetischer Reihenfolge (Verzeichnis S. 81) entlang des geologischen Pfades. Wenn Sie den gesamten Autopfad „erwandern" wollen, benötigen Sie etwa zwei Tage.

ACHTUNG!

Sie betreten alle Steinbrüche auf eigene Gefahr! Eine Haftung des Besitzers ist ausgeschlossen.
Im Abbau befindliche Steinbrüche dürfen nur mit Zustimmung des Besitzers, bzw. Betriebsleiters betreten werden. Auch dann besteht keine Haftung. Melden Sie sich prinzipiell vor Betreten eines Aufschlusses bei der Werksleitung an.

Hinweisschilder mit dem Symbol des „Geologischen Pfades" (weiß auf braunem Grund) helfen Ihnen, die Aufschlüsse leichter zu finden.

Suevitbruch Altenbürg

Der Suevitbruch Altenbürg, nahe dem beliebten Ausflugsziel der Nördlinger Bevölkerung, ist der historische Steinbruch der Freien Reichsstadt Nördlingen, der für die großen Sakral- und Profanbauten der Stadt (Georgskirche, St. Salvator, Rathaus, Klösterle, Teile der Stadtmauer u. a.) das Material lieferte. Der Suevit ist heute bis auf einen geringen Rest (nördliche Bruchwand) abgebaut. Hier steht er in teilweise vertikalem Kontakt zu Weißjuraschollen im Osten und im Westen (SV = Suevit). Die vulkanische Sprengungstheorie betrachtete dieses Suevitvorkommen als einen Vulkanschlot (vulk. Tuff) und nahm an, daß das Gestein hier aus der Tiefe gefördert worden sei. Der anstehende Weißjura ist an seinen Rändern durch Hitze (500 – 900°C) verändert. Dreizehn von der Steinbruchsohle aus niedergebrachte Bohrungen ergaben bei maximal 20 m Tiefe Bunte Trümmermassen, aber keine Fortsetzung des Suevits in die Tiefe und somit auch keinen Schlot.

Der im Osten (Malm Gamma) wie im Westen (Schwammkalk) anstehende Weißjura ist offensichtlich ortsfremd, gehört also zu den großen Auswurfschollen. Der Suevit ist stark verwittert (gelbe Tonminerale, Montmorillonit und Lechatellierit). Er enthält viele Glasbomben und zahlreiche Einschlüsse aus der Sedimentdecke (Jura- und Keuperbruchstücke). Die Einschlüsse zeigen ebenfalls Hitzeveränderungen an ihren Rändern.

Suevitaufschluß Amerdingen

Am Südrand des Ortes Amerdingen in Richtung Eglingen bei der St. Anna-Kapelle ist östlich der Straße ein Suevitvorkommen angeschnitten. Das feinkörnige Material ist allerdings schon stark verwittert. In den Gemarkungen Amerdingen, Aufhausen und Bollstadt sind eine Reihe weiterer Suevitvorkommen bekannt.

Suevitbruch Aumühle bei Oettingen

In diesem Aufschluß kann die Ablagerung des Suevits (SV) auf der Bunten Brekzie (BB) besonders gut beobachtet werden. Ein Großteil des bereits seit Jahrhunderten benutzten Steinbruchgeländes wurde von der Fa. Märker-Zementwerke Harburg zu weiterem Abbau aufgekauft.

Der Goldberg bei Pflaumloch westlich der Straße Pflaumloch-Goldburghausen

Der Goldberg ist der größte Riesseekalkklotz. Seine Flanken sind von zahlreichen Steinbrüchen aufgerissen, die heute alle nicht mehr in Betrieb sind. Seinen Namen verdankt er der Gelbbraun-Färbung des Gesteins, verursacht durch die Einlagerung von Eisenverbindungen. Wie am Büschelberg bei Hainsfarth ist das Gestein des Goldbergs sehr versteinerungsreich. Es finden sich *Cypris faba risgoviensis, Hydrobia trochulus, Cepaea sylvestrina,* aber auch von Kalk überkrustete Vogelreste.
In den teils spättertiären, teils eiszeitlichen Spaltenfüllungen sind Nagerzähne, Schnecken, Reste von Mammut, Wollhaarnashorn, Rentier u.a. gefunden worden. Die Verebnung auf der Bergkuppe war in vor- und frühgeschichtlicher Zeit fast ständig besiedelt (Jungsteinzeit-Römerzeit). In römischer Zeit sollen hier bereits Steine gebrochen worden sein. Da das Hochplateau landwirtschaftlich genutzt wird, ist eine Begehung nur außerhalb der Wachstumsperiode möglich. Der Goldberg steht unter Naturschutz!

Steinbruch Gosheim

Der aufgelassene Steinbruch zeigt die Wirkung der Stoßwelle am Riesrand. Die dickbankigen Schichten des Weißjura Beta – Weißjura Gamma sind „überkippt", liegen also auf der Schichtoberfläche. Die Gesteinsschichten sind teilweise gefaltet, was auf den riesigen Druck bei der Verlagerung dieser Gesteinsscholle schließen läßt. Der aufmerksame Beobachter kann erkennen, daß die einzelnen Kalkbänke gegeneinander verschoben sind (Risse im Gestein liegen nicht mehr auf-, sondern nebeneinander). Der Bruch ist reich an Versteinerungsbruchstücken.

Steinbruch der Jura-Marmorwerke Teich, Gundelsheim

Der weitläufige Steinbruch im Werkkalk des Malm Delta (Treuchtlinger Marmor) liefert einen wertvollen Stein, der zersägt und poliert zu den schönsten Marmorarten zählt. Die dicken Bänke des autochthonen Weißjuras liegen waagrecht und sind nur durch sehr große Sprünge und Klüfte in große einzelne Blöcke zerlegt.

Im Vergleich mit den Steinbrüchen am Riesrand, die ganz oder teilweise ebenfalls dem Weißjura-Delta angehören, läßt sich erkennen, wie gewaltig die zerstörende Kraft des Riesereignisses gewesen sein muß (vgl. Steinbruch Siegling).

Eine scharfe Trennlinie ist im oberen Viertel des Bruches zu erkennen. Die Oberfläche des Weißjuras ist geschliffen und geschrammt (Abb. S. 65). Die Richtung der Schrammen weist auf das Ries, der Bewegungsablauf erfolgte riesauswärts. Die aufgelagerten Bunten Trümmermassen (mehr als 10 m mächtig) stammen aus dem Ries. In einer tonig-sandigen Grundmasse lassen sich in geringer Menge Grundgebirgsbruchstücke, Sandsteine und Tone des Keupers, Fragmente aus dem Jura und besonders tertiäre Tone und Braunkohle nachweisen. Eine 20 m lange und 5 m hohe vergrieste Weißjurascholle (Malm Beta) kann als weiterer Beweis für die unvorstellbare Gewalt der Rieskatastrophe gelten, wenngleich der Transport vermutlich nicht ballistisch erfolgt ist (CHAO, 1976). Der Steinbruch Gundelsheim liegt 25 km vom Kraterzentrum und 16 km Luftlinie vom Kraterrand entfernt.

Schliff-Fläche im Steinbruch der Jura-Marmorwerke Teich, Gundelsheim

Eine der am besten erschlossenen Schliff-Flächen ist in diesem Steinbruch zu sehen (nur von der oberen Bruchkante her zugänglich). Die parallel zum Hammerstiel verlaufenden Schrammen, Striemen und Kratzer weisen rieswärts.

Steinbruch am Büschelberg bei Hainsfarth (Sportplatz)

Der schönste Aufschluß im Riesseekalk ist der weite, ehemalige Steinbruch der Gemeinde Hainsfarth bei Oettingen. Massige Kalkstotzen mit bis zu 5 m Höhe charakterisieren das ehemalige Algenriff, das auf Untiefen und in seichten Stellen des Riessees entstanden ist. Die Stotzen wurden von der Blaugrünalge Cladophorites gebildet. An mehreren Stellen können in diesem Aufschluß auch anorganisch gebildete Sinterkalke beobachtet werden. Zwischen den domartigen Algenstotzen finden sich Schichten, die z. T. völlig aus Gehäusen der Wasserschnecke *Hydrobia trochulus,* den Schalen des Muschelkrebschens *Cypris faba risgoviensis* oder aus inkrustierten Schilfstengeln bestehen. Gelegentlich findet man auch eingeschwemmte Gehäuse von Landschnecken *(Cepaea sylvestrina).* Wegen der geringen Größe der Versteinerungen sollte man eine Lupe mitnehmen (Abb. S. 48 – 55).

Steinbruch Holheim (Siegling-Ost)

Östlich der B 466 liegt der aufgelassene Steinbruch Siegling-Ost. Der tieferschlossene Steinbruch zeigt die völlige Zerschlagung des Weißjura-Massenkalkes (Malm Delta/Epsilon). Die ursprüngliche Schichtabfolge ist nicht mehr erkennbar. Eine spätere Verkittung hat nur in geringem Umfang stattgefunden. Deutlich abgesetzt ist eine Schliff-Fläche (durch Pfeile gekennzeichnet), die nur zu geringem Teil offenliegt und schwer zu erreichen ist. Über der Schliff-Fläche lagern Bunte Trümmermassen (Lias Delta = Opalinuston).

Steinbruch Holheim (Arlt = ehemaliger Steinbruch der Stadt Nördlingen)
Dieser Aufschluß befindet sich ebenfalls östlich der B 466 (hinterer Bruch). Auf 2 Bruchsohlen wird Kalkstein (Malm Delta) zur Schottergewinnung abgebaut. Das Gestein ist intensiv zerklüftet und zerbrochen, befindet sich aber größtenteils noch im Schichtverband. Im oberen Bruchteil (Südostwand) ist eine keilförmige Scholle angeschnitten, die zwischen die anstehenden Schichtpakete eingepreßt ist und diese deutlich nach oben biegt.

Kristallinaufschluß Maihingen – Langenmühle
Wenn man den Weg hinter der Klostermühle entlang der Mauch weiter verfolgt, gelangt man etwa 1 km nordwestlich von Maihingen zur Langenmühle. Der Aufschluß liegt am Talhang gegenüber der Langenmühle und kann natürlich über einen Weg südlich der Mauch auch mit dem PKW erreicht werden.
Die Kristallinbrekzie (Biotit-Granit und stark verwitterter Paragneis) ist von vielfach verästelten Gängen durchsetzt, die mit feinkörniger Kristallinbrekzie angefüllt sind. Untersuchungen haben ergeben, daß das hochbeanspruchte, feinkörnige Material in das zerrüttete Grundgebirge eingepreßt wurde, ehe noch die gesamte Scholle mehrere hundert Meter nach oben verlagert wurde. Der Aufschluß dient derzeit als Sandgrube.

Kristallinaufschluß Maihingen - Klostermühle

Die Zufahrt ist auf der westlichen Seite des Klosters bis zur Mauch möglich. Der Bach kann auf einem Holzsteg überschritten werden. Am nordöstlichen Hang gegenüber der malerisch gelegenen Klostermühle liegt ein mehrere hundert Meter langer Aufschluß im Kristallin frei (vorwiegend Gneis). Das völlig zerrüttete Gestein ist gangartig durchsetzt von einer feinkörnigen Kristallinbrekzie. Am schönsten tritt das Grundgebirge etwa 250 m nordwestlich der Klostermühle an einem Grashang zutage (untere Abb.).
Sollten Sie noch genügend Zeit finden, besuchen Sie das 1984 eröffnete *Rieser Bauernmuseum"*, das im ehemaligen Klosterbrauhaus untergebracht ist (Sa, So und feiertags von 13 - 17 Uhr geöffnet, sonst nach Vereinbarung).

Aufschluß Meyer's Keller (Nördlingen)

In vergangenen Jahrzehnten war Meyer's Keller ein beliebter Geologentreffpunkt, nicht zuletzt wegen der dort aufgeschlossenen Kristallinbrekzie. Die Marienhöhe, wie die Nördlinger die sanfte Erhebung im Südosten der Stadt bezeichnen, gehört mit zum Inneren Ringwall, der aus Grundgebirge gebildet wurde. Verschiedenste Kristallinbruchstücke sind hier bunt durchmengt, weshalb man dieses Gestein als *polymikte Kristallinbrekzie* bezeichnet.

Suevitbruch Otting

Der Suevitbruch Otting ist das zur Zeit am besten erschlossene Suevitvorkommen des Rieses. Infolge des raschen Abbaus durch die Firma Märker-Zementwerke Harburg ist ständig frisches Material zugänglich. Wie die Abbildung zeigt, ist an der Bruchwand weder eine geregelte Schichtung noch eine systematische Klüftung zu erkennen. Die Suevitdecke ist bis zu 24 m dick. Sie wird von Bunter Brekzie unterlagert, die am Zugang zum neueren Teil des Bruches erschlossen ist (etwas von Gras überwachsen).

Suevit aus Otting

Die Abbildung zeigt den typischen Aufbau des Ottinger Suevits. Das Gestein ist reich an sehr dichtem Glas (G) und stark geschockten Kristallinfragmenten (K). In diesen lassen sich die Hochdruckmodifikationen des Quarzes – Coesit und Stishovit – nachweisen. In Otting sammelte am 27. 7. 1960 Prof. Dr. Shoemaker die Proben, in denen wenige Tage später die oben erwähnten Hochdruckmineralien gefunden wurden, womit die Entstehung des Rieses geklärt war.

Steinbruch Polsingen

Das Gestein des kleinen, aufgelassenen Steinbruches am südwestlichen Ortsrand von Polsingen wird manchmal auch als „Roter Suevit" bezeichnet. In einer rötlichen Grundsubstanz (Matrix) sind zahlreiche unterschiedlich große und verschieden weit aufgeschmolzene Kristallinbruchstücke eingelagert. Einzelne Einschlüsse enthalten auch Coesit. Die Rotfärbung ist durch Hämatiteinlagerung (= Eisenoxid Fe_2O_3) verursacht. Die für den Suevit typischen „Flädle" und Einschlüsse von Sedimentgesteinen fehlen völlig. Es handelt sich hier um einen Klumpen von sog. Impaktschmelze, der mit Kristallinbruchstücken vermengt ist. Diese Impaktschmelze stammt unmittelbar aus dem Einschlagszentrum und wurde bis zum Kraterrand ausgeworfen. Ähnliche Gesteine kennt man auch von anderen Meteoritenkratern.

Steinbruch Ronheim bei Harburg (Bschor)

Der ausgedehnte, auf weiter Fläche erschlossene und in regem Abbau befindliche Steinbruch liegt außerhalb der Zertrümmerungszone des Riesrandes. Hier sind in horizontaler Lagerung dickbankige Schichten des Weißjura Delta angeschnitten. Das Bild zeigt die Nordwand des Steinbruches. Deutlich erkennbar und durch Pfeile gekennzeichnet, trennt eine Schliff-Fläche den anstehenden Weißjura von den bis zu 10 m mächtigen überlagernden Bunten Trümmermassen, die wir hier in ihrer schönsten Ausbildung finden.

Suevitbruch Seelbronn bei Aufhausen

Zufahrt über Aufhausen im oberen Kesseltal, etwa 1,5 km in Richtung Eglingen, Feldweg nach Osten, 500 m nördlich des Weilers Seelbronn. Der Suevit dieses Aufschlusses wurde bis vor wenigen Jahren zu Hohlblocksteinen verarbeitet. In jüngster Zeit wurde erneut mit dem Abbau von Traß zur Zementherstellung begonnen. Es handelt sich um einen sehr kompakten Suevit mit vielen Glasbomben. Auch Einschlüsse von Jurakalken und Keupergesteinen sind nicht selten. Die Grundgebirgsanteile sind hier nicht so zahlreich wie in Otting, hingegen gleichen sich die beiden Vorkommen in der Struktur der Bruchwände sehr.

Steinbruch Tiefental am Albuch

In dem kleinen, teilweise verwachsenen Steinbruch am südlichen Talhang des Albuchs bei Hürnheim ist Grundgebirge erschlossen. Im biotitarmen Granit finden sich Amphibolite, ebenso im anstehenden Biotit-Plagioklas-Gneis. Möglicherweise stellt das Kristallinvorkommen nur eine größere zusammenhängende Scholle in den Bunten Trümmermassen dar.

Wallersteiner Felsen

Bei gutem Wetter sollten Sie die Besteigung des Wallersteiner Felsens auf keinen Fall versäumen. Weit überragt dieser beliebte Aussichtspunkt alle benachbarten Höhen. Die Flagge in den fürstlichen Farben erinnert daran, daß hier einst die stolze Burg der Grafen von Oettingen gestanden ist, ehe sie 1648, noch im Dreißigjährigen Krieg, von den Schweden erobert und zerstört wurde. Danach war das Felsengebiet ein beliebter Steinbruch für den Marktflecken Wallerstein. Aus der Literatur sind zahlreiche Fossilfunde überliefert, die heute leider fast alle verschollen sind.

Blick vom Wallersteiner Felsen

Vom Wallersteiner Felsen aus kann man rundum den gesamten Kraterwall sehen. Die Abbildung zeigt im Hintergrund den südlichen Riesrand, davor die Stadt Nördlingen und im Vordergrund einen Teil der Marktgemeinde Wallerstein.

Steinbruch Wengenhausen (bei Wallerstein)

Dieser Aufschluß ist über einen Feldweg zu erreichen, der einige hundert Meter nördlich der kleinen Ortschaft Wengenhausen in westlicher Richtung von der B 25 abzweigt. Hier stehen stark zerstörte Gesteine des kristallinen Untergrundes an (G = Granit, Gneis, Amphibolit). In diese Gesteine sind gangartig feinkörnige polymikte Kristallinbrekzien injiziert. Die Oberkante des Bruches bildet eine geringmächtige Riesseekalkschicht (RK), die allerdings sehr fossilreich ist. Rechts der steilen Auffahrt nahe des südlichen Bruchendes ist gelegentlich Kersantit aufgeschlossen. Hier lassen sich mehr oder weniger schöne „shatter-cones" auffinden.

Wennenberg bei Alerheim – ein Beispiel für den Aufbau der inneren Hügelzone

Der Berg besteht zum größten Teil aus Granit. Der riesige, dreistöckige Bierkeller, der die gleiche Fläche wie die Bergkuppe einnimmt, ist ganz in dieses Gestein getrieben worden. Selbst im Hochsommer herrschen darin recht kühle Temperaturen. Wegen Baufälligkeit der Zugangstreppen ist ein Betreten nicht möglich. An der Südwestecke der Bergkuppe sitzt dem Granit eine kleine Kappe aus Süßwasserkalk auf (kleiner Absatz gegen die parkartige Anlage auf der Kuppe), ebenso am Wegrain gegen die Äcker.

Besonders bekannt geworden ist der Wennenberg durch einen Lamprophyrgang, der den anstehenden Biotit-Granit (G) durchzieht (kleiner, verwachsener Aufschluß am Nordhang). Dieses sehr dichte, dunkelgrau gefärbte Gestein von großer Härte trägt den Namen „Wennenbergit" (W) (untere Abbildung).

Suevitvorkommen bei Zipplingen

Straßenaufschluß ca. 500 m nach dem Ortsende Richtung Geislingen. Der links und rechts von der Straße anstehende Suevit ist, wie das die Regel ist, von Bunter Brekzie unterlagert. Sein Hauptbestandteil sind zerstörte, zu Sand zerfallene kristalline Massen. Die sonst so auffälligen Einlagerungen aus der Sedimentdecke sind hier nur spärlich vertreten. Wie anderwärts, so konnten auch hier abgeschreckte Bomben in der Bunten Brekzie gefunden werden. Der Bereich der Bunten Brekzie war während des Straßenbaues erschlossen, ist aber inzwischen überwachsen.

Steinbruch Ziswingen

Als Wunde in der Landschaft des Riesrandes ist der Ziswinger Steinbruch weithin sichtbar, zumal die Ausbeutung in den letzten Jahren rasch voranschreitet. Wir finden hier mehrere ineinander verkeilte Malmkalkschollen (Malm Gamma und Delta) mit unterschiedlichen Graden der Zerstörung. Teilweise liegt das Gestein noch im Schichtverband, zum anderen Teil ist es völlig zertrümmert und zermahlen. Es kann mit dem Radlader ohne Sprengung abgebaut werden, ist also sekundär nicht wieder verkittet worden.

So sollten Sie keinen Aufschluß verlassen! (Büschelberg, Hainsfarth)
Verstreuter Abfall und die zerbrochene Scheibe der Erläuterungstafel künden von Besuchern, die wir nicht so gerne sehen.

Noch auf ein Wort...

Am Ende dieses kleinen geologischen Riesführers habe ich noch eine Bitte: Wir haben Ihnen geholfen, in diesem auf der Welt einmaligen Naturdenkmal, dem Nördlinger Ries, wichtige Aufschlüsse zu finden. Sicher ist es Ihnen gelungen, die beschriebenen Gesteine zu entdecken, und Sie haben dabei die einmalige Schönheit dieser Landschaft kennengelernt. Hinterlassen Sie deshalb die Steinbrüche so, wie Sie sie vorgefunden haben, werfen Sie bitte keine Abfälle weg und schlagen Sie trotz Ihres Sammeleifers nur Handstücke von den Wänden. Besonders aber bitte ich Sie, Hinweisschilder und Erläuterungstafeln zu schonen, die mit hohem Aufwand zu Ihrer besseren Information errichtet worden sind. Achten Sie bei noch im Abbau befindlichen Steinbrüchen auf die Anordnungen des Personals, verwenden Sie bei steilen Wänden und brüchigem Gestein einen Schutzhelm und lassen Sie Kinder nicht aus den Augen. Ich wünsche Ihnen einen erlebnisreichen Aufenthalt im Naturdenkmal Nördlinger Ries und bin Ihnen bei Problemen und Fragen gerne behilflich.

Wulf-Dietrich Kavasch

Anschrift: Dr. W.-D. Kavasch
Schulstraße 5
8861 Hohenaltheim
Telefon 09088/770

Verzeichnis besuchenswerter Aufschlüsse

Museen

Stadtmuseum Nördlingen

Wer die geologische Erkundung des Rieskraters abrunden will, dem sei ein Besuch des Stadtmuseums Nördlingen empfohlen. In der geologischen Abteilung wird die erdgeschichtliche Entwicklung des Riesgebietes erläutert. Besonderen Raum nehmen die Schilderung des Impaktereignisses und das Werden und Vergehen des Riessees ein.
In wenigen Jahren soll ein eigenes geologisches Riesmuseum im „Holzhofstadel" unweit des Stadtmuseums eröffnet werden.

Öffnungszeiten:

Vom 1. März – 30. November jeweils Dienstag – Sonntag von 10 – 12 und 14 – 16 Uhr. Montag geschlossen (Tel. 09081/84114).

Frau J. Genck-Bosch, die Leiterin des Stadtmuseums, wird Ihnen gerne, dank ihres großen geologischen Fachwissens, weitergehende Fragen beantworten.

Geologisch-Paläontologisches Museum Aalen

Sehr empfehlenswert ist auch ein Besuch dieses Museums. Besonders der Sammler von Jurafossilien findet hier ein überaus reichhaltiges Angebot.

Öffnungszeiten:

Dienstag – Sonntag von 10 – 12 und 14 – 17 Uhr
(Tel. 07361/500231 oder 07361/500353)

Jura-Museum Eichstätt

In diesem nach modernsten Gesichtspunkten eingerichteten Museum können Sie die weltberühmten Fossilien der Solnhofer Plattenkalke kennenlernen. Unter anderem ist auch der Urvogel *Archaeopteryx* ausgestellt.

Öffnungszeiten:

1. April – 30. September (9 – 12 und 13 – 17 Uhr)
1. Oktober – 31. März (10 – 12 und 13 – 16 Uhr)
(Tel. 08421/2956)

Meteorkratermuseum Steinheim

Einige Kilometer südwestlich des Rieses im Ostteil der Schwäbischen Alb liegt die Gemeinde Steinheim am Albuch eingebettet in das Steinheimer Becken. Ein liebevoll eingerichtetes Museum und ein geologischer Wanderweg erschließen dem geologisch Interessierten diesen gleichzeitig mit dem Ries entstandenen Meteoritenkrater. Besondere Aufmerksamkeit verdient die „Geogastronomie".

Öffnungszeiten:

Montag – Freitag 9 – 12 und 14 – 17 Uhr,
Samstag 14 – 17 Uhr,
Sonntag 9 – 12 und 14 – 17 Uhr
(Tel. 07329/6044)

Geologische Zeittafel unter besonderer Berücksichtigung des Riesgebietes (nach Höfling, 1985)

Mio. Jahre vor heute	Ära (Zeitalter)	Periode (System; Formation)	Epoche (Abteilung)	Wichtige Auswirkungen auf das Riesgebiet und seine Umgebung	Gebirgsbildung
	Känozoikum (Erdneuzeit)	QUARTÄR	Holozän Pleistozän	Herausbildung der gegenwärtigen Kraterlandschaft; Lößanwehungen; menschliche Kulturen (z. B. Ofnet)	Alpidische Ära
2,4		TERTIÄR – JUNG-	Pliozän	Heraushebung S-Deutschlands Anlage des heutigen Flußnetzes (Hochschotter)	
			Miozän	Obere Süßwassermolasse (jüngerer Teil): flächenhafte Schüttungen von Sanden und Kiesen · Riessee-Sedimente (Tone, Kalke)	
14,6 ± 0,6			●	*RIES-IMPAKT:* Trümmermassen und Suevit	
				Obere Süßwassermolasse (älterer Teil): Sande, Tone, Kalke (Fluß- und Seeablagerungen) · Obere Meeresmolasse: Sande; Klifflinie S' Rieskrater	
23		ALT-	Oligozän	Untere Meeresmolasse (Randbucht): Sande, Braunkohlentone · Absenkung des Molassetroges · Spaltenfüllungen mit Wirbeltieren (bis Pleistozän)	
65			Eozän Paleozän	starke Verkarstung (Roterde-Verwitterungsbildungen)	

Mio. Jahre vor heute	Ära (Zeitalter)	Periode (System; Formation)	Epoche (Abteilung)	Wichtige Auswirkungen auf das Riesgebiet und seine Umgebung	Gebirgsbildung
	Mesozoikum (Erdmittelalter)	KREIDE	Oberkreide	intensive Verkarstung der Alb	Alpidische Ära
100			Mittelkreide	Meeresvorstoß von SE im Cenoman (Mörnsheimer Bryozoensandstein); Regression im Turon	
141			Unterkreide	Verkarstung der Alb	
		JURA – Oberer (Weißer)	Malm	süddeutsches Teilbecken des Jurameeres; Vindelizisches Land vollständig überflutet; Korbonat. Sediment („Schwäbische" und „Fränkische" Fazies); langgestreckte Kieselschwammriffe (im höheren Teil Korallenriffe): „Ries-Wiesent-Riffschranke" und lagunäre Wannen	
		Mittlerer (Brauner)	Dogger	Küstennahe Sedimente (Eisensandstein, Austernbänke) dominant	
195		Unterer (Schwarzer)	Lias	anfangs küstennahe Sandsteine (zunehmende Überflutung des Vindeliz. Landes); später küstenfernere Sedimente (bituminöse Schiefer), z.T. bis Unt.-Dogger	
		TRIAS	Keuper	Absenkung des Vindeliz. Landes; Festlandsed. vorherrschend: Sande und Sandsteine, z.T. Tone (Burgsandstein, Feuerletten)	
			Muschelkalk	Küstennahe Sandsteine des randl. Muschelkalkmeeres	
232			Buntsandstein	Entstehung der „Vindeliz. Schwelle" (U.-Trias im Riesgebiet bisher nicht eindeutig nachgewiesen)	

Mio. Jahre vor heute	Ära (Zeitalter)	Periode (System; Formation)	Epoche (Abteilung)	Wichtige Auswirkungen auf das Riesgebiet und seine Umgebung	Gebirgsbildung
	Paläozoikum (Erdaltertum)	PERM	Zechstein	Abtragung vorherrschend	Variszische Ära
280			Rotliegendes	langgestreckte Tröge im Variszischen Gebirge nehmen Verwitterungsschutt auf (vereinzelte Nachweise in Bohrungen)	
350		KARBON		(Auffaltung des Variszischen Hochgebirges)	
395		DEVON		sämtliche Ereignisse im Riesgebiet von der variszischen Gebirgsbildung überprägt;	
435		SILUR			Kaledonische Ära
500		ORDOVIZIUM		Rekonstruktion nur aus der geolog. Geschichte der weiteren Umgebung möglich	
570		KAMBRIUM			
	PRÄKAMBRIUM				Assyntische Ära und frühere

Verwendete und weiterführende Literatur

Barthel, K. W.: Das Ries und sein Werden. Band 1, Oettingen 1964; Das Ries und sein Werden. Band 2, Oettingen 1965

Bayer. Geol. Landesamt: Erläuterungen zur Geologischen Karte von Bayern 1 : 500 000; München 1981

Bayer. Geol. Landesamt: Exkursionsführer zur Geologischen Übersichtskarte des Rieses 1 : 100 000; München 1970

Bolten, R. & Gall. H.: Der Wallersteiner Felsen – ein geologisches Phänomen. Nordschwaben **1/1978**; Aalen 1978

Chao, E. T. C., Hüttner, R. & Schmidt-Kaler, H.: Aufschlüsse im Ries-Meteoriten-Krater. München 1978

David, E.: Das Ries-Ereignis als physikalischer Vorgang – Geologica Bavarica; München 1969

David, E.: Mündliche Mitteilungen; Hohenaltheim 1985

Dehm, R.: Geschichte der Riesforschung. Geologica Bavarica, **61**; München 1969

Dehm, R., Gall, H., Höfling, R., Jung, W. & Malz, H.: Die Tier- und Pflanzenreste aus den obermiozänen Riessee-Ablagerungen in der Forschungsbohrung Nördlingen 1973. Geologica Bavarica, **75**; München 1977

Engelhardt, W. v., Stöffler, D. & Schneider, W.: Petrologische Untersuchungen im Ries. Geologica Bavarica, **61**; München 1969

Gall, H., Hüttner, R. & Müller, D.: Erläuterungen zur Geologischen Karte des Rieses 1 : 50 000. Geologica Bavarica, **76**; München 1977

Gall, H.: Der Rieser Salzsee – sein Werden und Vergehen. Rieser Kulturtage, Dokumentation II/1978; München 1979

Grau, W. & Höfling, R.: Das Nördlinger Ries – ein Objekt geowissenschaftlicher Forschung. List Geographie Oberstufenthemen Heft 1; München 1978

Höfling, R.: Landschaft und Geologie des Nördlinger Rieses. In: Führer zu vor- und frühgeschichtlichen Denkmälern, **40**; Mainz 1979

Höfling, R.: „Wenn es den Riesmeteoriten nicht gegeben hätte...“ Geologisch-geomorphologische Exkursion auf das Härtsfeld und in das Hesselberg-Gebiet. Rieser Kulturtage, Dokumentation III/1980; Nördlingen 1981

Höfling, R.: Das Ries im Eiszeitalter. Rieser Kulturtage, Dokumentation IV/1982; Nördlingen 1983

Höfling, R.: Das Riesgebiet im Wandel der Erdgeschichte. Rieser Kulturtage, Dokumentation V/1984 (im Druck); Nördlingen 1985

Hörz, F.: Untersuchungen an Riesgläsern. Berlin-Heidelberg-New York 1965

Hüttner, R.: Bunte Trümmermassen und Suevit. Geologica Bavarica, **61**; München 1969

Kavasch, J.: Die Entstehung des Rieses. – Das Ries, Gestalt und Wesen einer Landschaft; Oettingen 1969

Kranz, W.: Zum Problem des Rieses und Steinheimer Beckens; Nördlingen 1926

Lemcke, K.: Ölschiefer im Ries - Kosmische Katastrophe schuf Raum für Energie von übermorgen. - Rieser Kulturtage, Dokumentation III/1980; Nördlingen 1981

Luft, E.: Zur Bildung der Moldavite beim Ries-Impakt aus tertiären Sanden. Stuttgart 1983

Meyer, R. & Schmidt-Kaler, H.: Erdgeschichte sichtbar gemacht. Ein geologischer Führer durch die Altmühlalb. München 1983

Pohl, J. & Gall, H.: Bau und Entstehung des Ries-Kraters. Geologica Bavarica, **76;** München 1977

Preuß, E.: Einführung in die Riesforschung und Kennzeichen von Meteoritenkratern mit Bezug auf das Ries. - Geologica Bavarica, **61;** München 1969

Schmidt-Kaler, H.: Der Jura im Ries und in seiner Umgebung. - Geologica Bavarica, **61;** München 1969

Wagner, G.: Einführung in die Erd- und Landschaftgeschichte. Öhringen 1950

Bildnachweis

Barthel, W. S. 28 (oben), 50 (unten), 53 (oben)
Brugger, A., Stuttgart S. 13 (oben), 41
Foto-Fink, Nördlingen S. 16 (oben), 28 (unten), 29 (oben), 32, 51, 54, 55 (oben)
Foto-Hirsch, Nördlingen S. 7, 26
Lindel, R. S. 42
Kavasch, J., Mönchsdeggingen S. 11, 52, 62, 63, 69 (unten), 71 (oben), 78 (oben)
Kavasch, W.-D., Hohenaltheim S. 15, 16 (unten), 19, 23, 27, 29 (unten), 33, 44, 45, 48, 49, 50 (oben), 53 (unten), 55 (unten), 56, 57, 58, 59, 60, 61, 64, 65, 68, 69 (oben), 70, 71 (unten), 72, 73, 74, 75, 76, 77 (unten), 78 (unten), 79, 82
Meitinger, F., Donauwörth S. 13 (unten), 17, 66, 67, 77 (oben)
Zeitschel, W., Hanau S. 40